T/CAGHP 069—2019

目　次

前言 ·· Ⅲ
1 范围 ·· 1
2 规范性引用文件 ·· 1
3 术语、符号和代号 ·· 1
　3.1 术语 ··· 1
　3.2 符号和代号 ·· 2
4 总则 ·· 3
5 数据采集通信规约 ·· 4
　5.1 智能传感器数据采集接口规定 ·· 4
　5.2 智能传感器数据采集通信协议 ·· 4
6 报文传输规约 ··· 4
　6.1 报文帧结构框架 ··· 4
　6.2 链路传输规约 ·· 7
　6.3 ASCII字符编码传输报文帧结构 ··· 11
　6.4 HEX/BCD编码传输报文帧结构 ·· 13
　6.5 报文正文结构 ··· 14
7 通信方式 ·· 28
　7.1 通信信道 ··· 28
　7.2 无线信道 ··· 28
　7.3 有线信道 ··· 29
8 数据传输的考核 ··· 29
　8.1 考核内容和指标 ·· 29
　8.2 考核方法 ··· 29
附录A（规范性附录） 功能码定义 ·· 31
附录B（规范性附录） 遥测信息编码要素及标识符 ·· 32
附录C（规范性附录） 遥测站参数配置表 ·· 34
附录D（规范性附录） 传感器编码 ·· 38
附录E（规范性附录） 监测数据编码格式 ·· 39
附录F（规范性附录） 北斗传输监测数据编码格式 ·· 48
附录G（规范性附录） 设备生产厂家代码 ·· 50

Ⅰ

前 言

本标准按照GB/T 1.1—2009《标准化工作导则 第1部分:标准的结构和编写》给出的规则起草。

本标准附录A、B、C、D、E、F、G为规范性附录。

本标准由中国地质灾害防治工程行业协会提出并归口。

本标准主要编制单位:中国地质大学(武汉)。

本标准参加编制单位:三峡库区地质灾害防治工作指挥部、云南省地质环境监测院、湖北省地质环境总站、千里眼环境监测有限公司、厦门四信通信科技有限公司、陕西颐信网络科技有限公司。

本标准起草人:牛瑞卿、武永波、黄学斌、孟晖、程温鸣、叶润青、李慧生、曹卫华、胡友健、邓清禄、赵凌冉、段功豪、祝传兵、周翠琼、沈铭、丁赞、李永涛、吴昭钊、赖光程、张莉君、温宗周。

本标准由中国地质灾害防治工程行业协会负责解释。

地质灾害监测通信协议(试行)

1 范围

本标准规定了地质灾害专业监测及群测群防监测系统中，智能传感器与遥测终端的数据接口及数据通信协议、遥测站与中心站的数据传输通信协议。

本标准适用于滑坡、崩塌、泥石流等地质灾害专业监测数据传输系统的建设和数据管理，地下水、矿山监测参照执行。

2 规范性引用文件

下列文件对于本标准的应用是必不可少的。凡是注日期的引用文件，仅所注日期的版本适用于本标准。凡是不注日期的引用文件，其最新版本(包括所有的修改单)适用于本标准。

GB/T 2260—2013　中华人民共和国行政区划代码
GB/T 10114—2003　县级以下行政区划代码编制规则
GB/T 18657.1—2002　远动设备及系统第5部分传输规约第1篇传输帧格式
GB/T 18657.2—2002　远动设备及系统第5部分传输规约第2篇链路传输规则
GB/T 18657.3—2002　远动设备及系统第5部分传输规约第3篇应用数据的一般结构
GB/T 50095—2014　水文基本术语和符号标准
DZ/T 01333—1993　地质灾害动态监测协议
DZ/T 0221—2006　崩塌、滑坡、泥石流监测规范
HJ/T 164—2004　地下水环境监测技术规范
SL 651—2014　水文监测数据通信规约
SL 427—2008　水资源监控管理系统数据传输规约
T/CAGHP 047—2018　地质灾害监测仪器物理接口规定

3 术语、符号和代号

3.1 术语

《水文基本术语和符号标准》(GB/T 50095—2014)界定的以及下列术语和定义适用于本标准。

3.1.1
地质灾害专业监测系统 geological hazards monitoring system
用于对各类地质灾害进行监测的系统，包括软硬件系统。

3.1.2
智能传感器 intelligent sensor
配备串行接口并具有数据处理与通信功能的传感器。

3.1.3
遥测站 remote terminal unit
远方数据终端,即负责采集传感器数据,并与中心站通信。

3.1.4
中心站 central station
后方数据采集与监视控制系统,负责接受遥测站的数据,并对其发出控制指令。

3.1.5
报文 report text
系统中交换与传输的完整数据信息。

3.1.6
时间步长 measuring time interval
表示等时段地质灾害监测数据观测时间的间隔。

3.2 符号和代号

GB/T 19677—2005、GB/T 50095—2014 等标准界定的以及表1中符号、代号和缩略语适用于本标准。

表1 符号、代号和缩略语

序号	符号、代号和缩略语	内容
1	3G/4G/5G	第三代/四代/五代移动通信技术,是指支持高速数据传输的蜂窝移动通信技术
2	ADSL	非对称数字用户线环路
3	ASCII	基于拉丁字母的一套电脑编码系统,规定了常用符号的二进制数表示方法
4	BCD	二~十进制编码
5	BSC	面向字符支持半双工通信的同步通信规程
6	CDMA-1X	基于码分多址的蜂窝数字移动通信系统网络分组交换技术
7	CRC	循环冗余码校验
8	GSM—GPRS	基于全球移动通信系统的通用无线分组交换技术
9	DDN	利用数字信道传输数据信号的数据传输网
10	GSM-SMS/CDMA-SMS	移动通信中的短消息业务
11	HEX	十六进制编码
12	IC	集成电路
13	IP	互联网协议,也就是为计算机网络相互连接进行通信而设计的协议
14	JPG	全名JPEG,是24位的图像文件格式,是面向连续色调静止图像的一种压缩标准

表1 符号、代号和缩略语(续)

序号	符号、代号和缩略语	内容
15	MODBUS-RTU	是应用于电子控制器上的一种通用协议和工业标准,通过它可以将不同厂商生产的控制设备连成网络进行集中监控
16	PSTN	公用电话交换网
17	RS-232C	数字终端设备和数据电路终端设备间使用串行二进制数据交换的接口标准
18	RS-422	EIA-422和RS-422是同义词,RS-422全称是"平衡电压数字接口电路的电气特性",它定义了接口电路的特性
19	RS-485	平衡数字多点系统用发生器和接收机的电特性接口标准
20	SDH	是一种将复接、线路传输及交换功能融为一体,并由统一网管系统操作的综合信息传送网络
21	SDI-12	基于微处理器的智能化监测传感器串行单一通道数据通信接口协议。在该协议支持下可实现一对多点总线远距离连接和传送
22	VSAT	甚小口径卫星终端站,也称为卫星小数据站(小站)
23	LoRa	基于扩频技术的超远距离、低功耗无线传输通信技术
24	NB-IoT	窄带低功广域网无线传输通信技术
25	Zigbee	低速短距离传输的无线传输通信技术
26	RTCM	国际海运事业无线电技术委员会制定的用于在差分全球导航定位系统和实时动态操作时使用的标准

4 总则

4.1 各类地质灾害专业监测系统的设计与建设及相关设备的生产制造应符合本标准的规定。

4.2 智能传感器与遥测终端设备之间的接口及数据通信协议应符合数据采集通信规约;遥测站与中心站之间的数据传输通信协议应符合报文传输规约。

4.3 本标准未能详尽的其他地质灾害专业监测数据采集、传输规约可在本标准规定的框架下扩充。

4.4 地质灾害专业监测系统涉及的仪器设备产品制造除符合本标准规定外,还应符合相应国家标准、行业标准的要求。

4.5 一般规定

4.5.1 智能传感器与遥测站之间的连接宜采用RS-485/RS-422、RS-232C、SDI-12等通用接口标准;通信协议宜采用MODBUS协议和SDI-12通信协议。

4.5.2 本规约参照GB/T 18657.3—2002规定的增强三层参考模型,规定地质灾害专业监测数据报文传输协议。其报文结构基于二进制同步通信协议(BSC)和IEC104有关应用数据的规约。

4.5.3 在地质灾害专业监测系统设计与建设时,应根据采用的数据传输信道类型及其特性和项目需求,选择ASCII字符编码或HEX/BCD编码帧结构,从本规约规定的报文结构中选择适宜的报文正文、要素编码组合,确定适合于信道传输的单帧报文长度。

4.5.4 功能码定义见附录A,遥测信息编码要素及标识符规定见附录B,遥测站参数配置表见附录C,传感器编码见附录D,监测数据编码格式见附录E。对于未作规定的功能码、遥测信息编码要素及标识符、遥测站参数配置标识符,可在预留的自定义区间内加以扩展定义。在ASCII字符编码或HEX/BCD编码帧结构中,功能码、遥测信息监测数据结构及标识符、遥测站参数配置应采用相应的编码方式。

4.5.5 北斗短报文通信时,部分传感器数据长度超出了北斗报文长度限制,因此对超出长度限制的传感器采用北斗上报时的数据内容进行了压缩,见附录F。

5 数据采集通信规约

5.1 智能传感器数据采集接口规定

智能传感器宜采用RS-485/RS-422、RS-232C、SDI-12等通用接口标准。

5.2 智能传感器数据采集通信协议

5.2.1 MODBUS通信协议

遥测终端与智能传感器宜采用MODBUS通信协议组网,构成遥测终端为主机、智能传感器为从机的主从结构,遥测终端发出请求命令,传感器返回响应数据帧或错误指示帧,完成监测数据的采集。

5.2.2 SDI-12通信协议

智能传感器采用SDI-12通用接口标准时,应采用SDI-12串行数据接口通信协议,遵照SDI-12标准V1.3版本的相关规定执行。智能传感器采用RS-485、RS-232C等通用接口标准时,也可参照SDI-12串行数据接口通信协议执行。

6 报文传输规约

6.1 报文帧结构框架

6.1.1 帧基本单元

帧的基本单元为8位字节。链路层传输顺序为高位在前,低位在后;高字节在前,低字节在后。

6.1.2 报文帧控制字符定义

报文帧控制字符定义见表2。ASCII字符编码的帧起始采用01H,HEX/BCD编码的帧起始采用7E7EH,其他控制字符在两种编码结构中的定义相同。

表2 报文帧控制字符定义

控制字符代码	对应编码	功能	使用说明
SOH	01H	帧起始	ASCII字符编码报文帧起始
	7E7EH		HEX/BCD编码报文帧起始,采用双同步字符
STX	02H	传输正文起始	
SYN	16H	多包传输正文起始	报文分包发送模式中使用
ETX	03H	报文结束,后续无报文	作为报文结束符,表示传输完成,等待退出通信
ETB	17H	报文结束,后续有报文	在报文分包传输时作为报文结束符,表示传输未完成,不可退出通信
ENQ	05H	询问	作为下行请求及控制命令帧的报文结束符
EOT	04H	传输结束,退出	作为传输结束确认帧报文结束符,表示可以退出通信
ACK	06H	肯定确认,继续发送	作为有后续报文帧的"确认帧"报文结束符
NAK	15H	否定应答,反馈重发	用于要求对方重发某数据包的报文结束符
ESC	1BH	传输结束,终端保持在线	在下行确认帧代替EOT作为报文结束符,要求终端在线,保持在线10 min内。若没有接收到中心站命令,终端退回原先设定的工作状态

6.1.3 报文帧结构

6.1.3.1 帧结构格式

地质灾害监测数据传输的通信协议应采用表3规定的报文帧结构框架。

表3 报文帧结构框架

序号		名称	字节长度(HEX/BCD)
1	报头	帧起始符(采用ASCII编码时长度为1)	2
2		遥测站地址	6
3		密码	2
4		功能码	1
5		报文上下行标识及长度	2
6		报文起始符	1
7		包总数及序列号(选编)	3
8		报文正文	不定长
9	报尾	报文结束符	1
10		校验码	2

6.1.3.2 帧起始符

帧起始符参考表2，HEX/BCD编码时采用7E7EH，ASCII编码时采用01H。

6.1.3.3 遥测站地址编码

HEX/BCD编码时，遥测站地址编码由6字节构成（A6～A1），见表4，其中A6为高位字节，A1为低位字节。前3个字节A6、A5、A4采用GB 2260—2007规定的行政区划代码的前6位，A6为省（区、市）码，A5为地级市（区）码，A4为县（区、市）码；A6、A5、A4采用BCD码。后3个字节采用HEX编码，为每个遥测站自定义选址编码，选址自定义范围为1～16777215。FFFFFF为广播地址，0为无效地址。遥测站的地址编制应保证唯一性。

ASCII编码时，将6字节的HEX/BCD码转化为12字节的ASCII码。

表4 遥测站地址编码

遥测站地址组成					
A6	A5	A4	A3	A2	A1
采用GB 2260—2007规定的行政区划代码			遥测站自定义编码		

6.1.3.4 密码

HEX/BCD编码中，密码长度由2字节组成，格式见表5：第1个字节前半个字节为密钥算法，采用BCD编码，取值范围0～9；第1个字节后半字节和第2个字节共12位，为密钥，采用BCD编码，取值范围0～999。终端根据密钥及密钥算法，计算出密码，然后与终端持有的密码进行比对验证，密码相匹配，则命令有效，否则命令无效。

ASCII编码时，将2字节的HEX/BCD码转化为4字节的ASCII码。

表5 密码

Byte2								Byte1							
D15	D14	D13	D12	D11	D10	D9	D8	D7	D6	D5	D4	D3	D2	D1	D0
密钥算法（BCD编码）				密钥（BCD编码）											

6.1.3.5 功能码

功能码规定了报文的链路服务方式，具体定义见附录A。ASCII编码时，将1字节的HEX/BCD码转化为2字节的ASCII码。

6.1.3.6 报文上下行标识及长度

对于HEX/BCD编码，用2字节HEX编码。高4位用作上下行标识、重发及传输模式控制（bit15位表示上下行标识，0XXX表示上行，1XXX表示下行；bit14用于重发报文控制，X1XX表示重发报文，X0XX表示未重发报文；bit13、bit12表示传输模式，XX00表示S1模式，XX01表示S2模式，XX10表示S3模式，XX11表示S4模式）；其余12位表示报文正文长度，表示报文起始符之后、报文结束符之前的报文字节数，允许长度为0001～4095。对于ASCII编码，用2字节HEX编码转换为4个ASCII字符传输。第1个字符用作上下行标识、重发及传输模式控制；其余3个字符表示报文正文长度，表示报文起始符之后、报文结束符之前的报文字节数，允许长度为0001～4095。

6.1.3.7 报文起始标识符

HEX/BCD编码和ASCII编码报文起始符均采用STX/SYN。

6.1.3.8 包总数及序列号

报文起始符为SYN时编入此项。

HEX/BCD编码,采用3字节表示,高12位表示总包数,低12位表示本次发送数据包的序列号,范围为1~4095。

ASCII编码时,3字节HEX码转化为6字节ASCII码,前3个ASCII字符表示包总数,后3个ASCII字符表示本次发送数据包的序列号,范围为1~4095。

6.1.3.9 报文正文

在采用ASCII字符编码或HEX/BCD编码报文帧结构时,报文正文结构应一致,但应采用相应的编码编制报文。报文正文结构见6.5。

6.1.3.10 报文结束符

HEX/BCD编码和ASCII编码报文结束符均采用ETB/ETX(上行)和ENQ/ACK/NAK/EOT/ESC(下行)。

6.1.3.11 校验码

HEX/BCD编码由2字节HEX构成,是校验码前所有字节的CRC16/IBM校验码,生成多项式:$X^{16}+X^{15}+X^{2}+1$,高位字节在前,低位字节在后。

ASCII编码将2字节的按照HEX编码生成的校验码转换为4字节的ASCII字符传输。

6.2 链路传输规约

6.2.1 链路传输模式及其应用规定

6.2.1.1 链路传输模式种类

链路传输模式种类见表6。

表6 链路传输模式种类

模式代号	功能	用途
S1	发送/无回答	遥测站发送传输,中心站不回答
S2	发送/确认	遥测站发送报文,中心站回答确认或否认报文
S3	请求/响应	中心站发出请求命令,从动站作确认、否认或数据响应
S4	透传	私有站与遥测站之间通信

6.2.1.2 链路传输模式应用规定

链路传输模式应用规定如下:

a) S1模式。对应发送/无回答类功能码,遥测站为通信发起端,遥测站发出报文后,中心站不需响应。可用于发送单帧自报报文,包括均匀时段信息报、遥测站定时报、加报报;报文结束符为ETX,没有下行帧。

b) S2模式。对应发送/确认功能码,遥测站为通信发起端,遥测站发出报文后,中心站接收报文正确,应响应发送"确认"报文;中心站接收报文无效,则不响应。遥测站收不到响应报文应启动重发机制,最多重发 2 次。可用于发送自报报文,包括测试报、均匀时段信息报、遥测站定时报、加报报;其上行帧报文结束符为 ETB/ETX;下行帧为"确认"帧,报文结束符为 EOT/ESC。

  c) S3 模式。对应请求/响应功能码,中心站为通信发起端。中心站发出请求报文后,遥测站接收请求报文正确,应发送响应帧;如遥测站接收请求报文无效,则不响应。用于请求遥测站数据,设置(修改)遥测站运行状态参数、控制遥测站运行。下行帧为"请求"帧,报文结束符为 ENQ/ACK/EOT;上行帧为"响应"帧,报文结束符为 ETB/ETX。

  d) S4 模式。对应透传功能码,私有站为通信发起端。私有站在与遥测站通信前,先发送请求报文给中心站,中心站利用请求/响应功能,确认遥测站是否接受通信,遥测站应答后,中心站回复私有站,通信建立。随后,私有站与遥测站开展通信,中心站充当转发功能。

6.2.1.3 链路传输容错机制

  a) 数据补发机制。遥测站重发两次后仍然没有得到确认的报文,需要进行暂存,等待遥测站和中心站恢复通信后,重新进行发送。恢复通信的标志为发送数据得到确认;暂存数据保留天数可以通过运行参数中的补报数据保存天数来进行设置。

  b) 多包传输机制。S2、S3、S4 模式下,遥测站连续发出多包报文后,中心站正确接收全部数据包,仅应回答 1 次确认报文;若有错误数据包,中心站应发送包括错误数据包序列号(1 包序列号,每包单独重发)的响应包,遥测站重发相应序列号包数据,最多重发 2 次。多包传输用于发送多帧自报报文,包括图片信息报、均匀时段信息报。其上行帧报文结束符为 ETB/ETX(收到 NAK 的重发包用 ETX);下行帧为"确认/否认"帧,报文结束符为 EOT/NAK/ESC。中心站采用该模式请求遥测站数据时,在遥测站收到请求后,遥测站则以类似发起端的传输方式向中心站发送数据。

  c) 重发机制。为了保障数据确认的成功率,多包发送的最后一条报文发送后,如果收不到回复报文,则和一般上报一样,启动重发机制,最多重发 2 次。

  d) 超时机制。S2、S3、S4 模式下超过规定的时间未收到响应报文,视为超时,超时时间为 60 s。

6.2.2 链路传输基本规则

6.2.2.1 包的字符之间无线路空闲间隔;两包之间的线路空闲间隔应考虑信道网络延时、中间环节延时、终端响应时间、波特率等因素。在两个数据包之间应至少等待一个线路空闲间隔。

6.2.2.2 对于自报式工作制式,通信发起端是遥测站,接收端是中心站;对于请求应答工作制式,通信发起端是中心站,接收端是遥测站。发起端在规定时间内没有正确收到响应报文,应作为超时出错处理,超时等待时间应根据不同的信道类型来确定;超时出错后发起端应启动重发机制。

6.2.2.3 数据传输重发由通信发起端控制,应重发 2 次;若连续 3 次超时,应退出通信,等待下次重新连接。

6.2.2.4 对于单向信道,遥测站发完报文即退出通信。对于双向信道,中心站负责控制是否退出通信链路。中心站"确认"帧报文结束符为 ESC 时,遥测站应保持通信设备带电值守,以随时响应中心站请求/设置命令;"确认"帧报文结束符是 EOT 时,遥测站退出通信状态。

6.2.2.5 遥测站上行报文结束符是 ETB 时,表示后续有报文,不可退出通信;报文结束符是 ETX 时,表示后续无报文,可退出传输链路。

6.2.3 报文传输链路

6.2.3.1 自报式报文传输链路见图1。

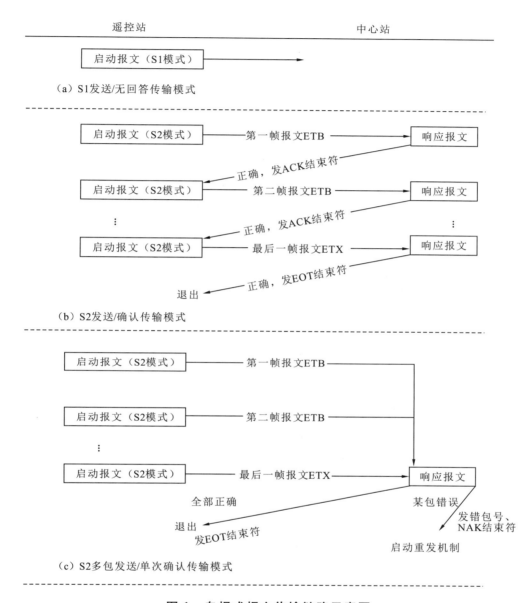

图 1 自报式报文传输链路示意图

6.2.3.2 请求/响应式（包括控制命令）报文传输链路见图2。
6.2.3.3 重发传输机制见图3。
6.2.3.4 透传机制见图4。

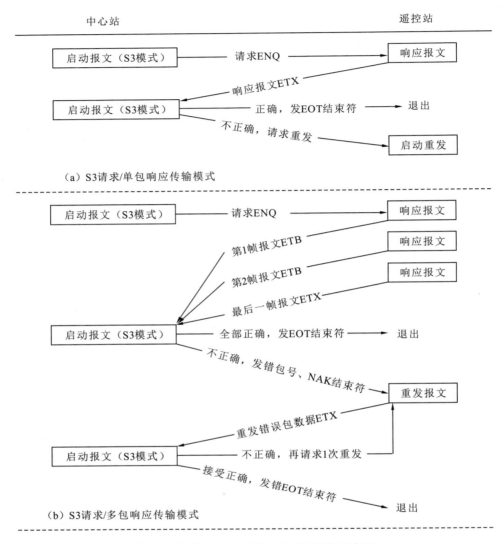

图 2 请求/响应式报文传输链路示意图

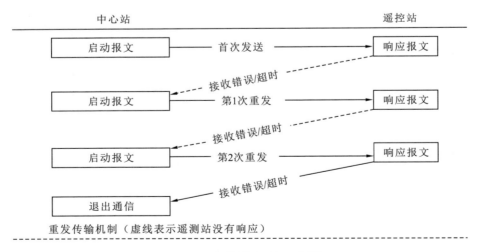

图 3 重发传输机制示意图

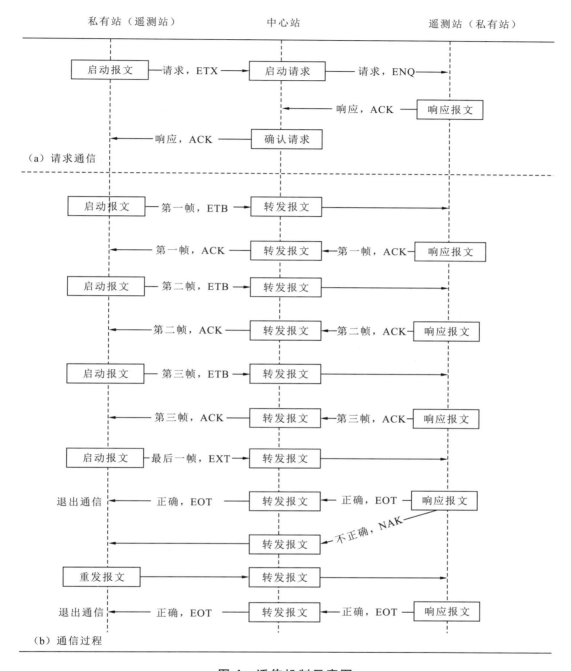

图 4 透传机制示意图

6.3 ASCII 字符编码传输报文帧结构

6.3.1 ASCII 字符编码传输报文帧结构中图片采用原编码传输,其他信息组编码均应采用 ASCII 字符传输。

6.3.2 对于 ASCII 字符编码发送模式,遥测站向中心站发送信息应采用表 7 上行帧结构;中心站向遥测站发送响应信息应采用表 8 下行帧结构,对于 S1 传输模式类型无下行报文。

表7 ASCII字符编码上行帧结构定义

序号	名称		传输字节数	说明
1	报头	帧起始符	1	SOH
2		遥测站地址	12	编码规则见6.1.3.3,转换为12个ASCII字符传输
3		密码	4	2字节HEX/BCD编码,编码规则见6.1.3.4,转换为4个ASCII字符传输
4		功能码	2	见附录A,需将1个字节功能码转换为2个ASCII字符传输
5		报文上下行标识及长度	4	用2字节HEX编码转换为4个ASCII字符传输
6		报文起始符①	1	STX(或SYN)
7		包总数及序列号②	6	前3个ASCII字符表示包总数,后3个ASCII字符表示本次发送数据包的总序列号,范围为1~4095。原码采用HEX码
8		报文正文③	不定长	自报数据、响应帧内容等(遥测站多帧自报数据)
9		报文结束符	1	ETX、ETB
10		校验码	4	2字节HEX编码,转换为4个ASCII字符传输;校验码前所有字节的CRC校验,生成多项式:$X^{16}+X^{15}+X^2+1$,高位字节在前,低位字节在后

注①:多包发送时起始符号用SYN。起始符号为SYN时,后边编报包总数和序列号;起始符号为STX时,后边不需要编报包总数和序列号。
注②:当报文正文较长时,需要对报文正文进行分包传输。发送端对完整的报文正文进行分割,分成若干个数据包,再按照传输规则进行传输。接收端对分割传输的数据包进行组合,恢复成完整报文正文。
注③:多包发送时,发送遥测站多帧自报数据。

表8 ASCII字符编码下行帧结构定义

序号	名称		传输字节数	说明
1	报头	帧起始符	1	SOH
2		遥测站地址	12	见表7说明
3		密码	4	见表7说明
4		功能码	2	见表7说明
5		报文上下行标识及长度	4	见表7说明
6		报文起始符	1	STX(或SYN)
7		包总数及序列号①	6	见表7说明
8		报文正文②	不定长	确认帧、数据请求/控制命令帧内容等(中心站否认/确认帧内容等)
9		报文结束符	1	分别是控制符ENQ、ACK、EOT、ESC
10		校验码	4	见表7说明

注①:在应答帧中,包总数取自上行帧。响应NAK时包序列号是对应错误帧的序列号(1个错误包序列号,每包单独重发);响应EOT/ESC时,序列号是最后一帧的序列号,即包总数。
注②:多包发送时,发送中心站否认/确认帧内容等。其他说明同表7。

6.4 HEX/BCD 编码传输报文帧结构

6.4.1 应用 HEX/BCD 编码报文帧结构时,报文信息组不管是 HEX、BCD 编码或 ASCII 字符均采用原编码。

6.4.2 对于 HEX/BCD 编码模式,遥测站向中心站发送信息应采用表 9 上行帧结构;中心站向遥测站发送响应信息应采用表 10 下行帧结构,对于 S1 传输模式类型无下行报文。

表 9 HEX/BCD 编码模式上行帧结构定义

序号		名称	传输字节数	说明
1	报头	帧起始符	2	7E7EH
2		遥测站地址[①]	6	编码规则见 6.1.3.3
3		密码[②]	2	2 字节 HEX/BCD,编码规则见 6.1.3.4
4		功能码	1	1 字节 HEX,定义见附录 A
5		报文上下行标识符及长度[③]	2	用 2 字节 HEX 编码。高 4 位用作上下行标识、重发及传输模式控制(bit15 位表示上下行标识,0XXX 表示上行,1XXX 表示下行;bit14 用于重发报文控制,X1XX 表示重发报文,X0XX 表示未重发报文;bit13、bit12 表示传输模式,XX00 表示 S1 模式,XX01 表示 S2 模式,XX10 表示 S3 模式,XX11 表示 S4 模式);其余 12 位表示报文正文长度,表示报文起始符之后、报文结束符之前的报文字节数,允许长度为 0001～4095(多包传输时,表示所有包的总字节数,允许长度为 0001H～0FFFH)
6		报文起始符	1	STX(SYN)
7		包总数及序列号	3	采用 HEX 码。高 12 位表示包总数,低 12 位表示本次发送数据包的序列号,范围为 1～4095
8		报文正文	不定长	自报数据、响应帧内容等(遥测站多帧自报数据等)
9		报文结束符	1	控制符 ETX、ETB
10		校验码	2	校验码由 2 字节 HEX 构成,是校验码前所有字节的 CRC 校验,生成多项式 $X^{16}+X^{15}+X^2+1$,高位字节在前,低位字节在后

注[①]、[②]:采用 TCP 连接时,非登录报文遥测站地址和密码置零。
注[③]:正文数据为图像时,表示所有报文字节数。其他说明同表 7。

表 10 HEX/BCD 编码模式下行帧结构定义

序号	名称		传输字节数	说明
1	报头	帧起始符	2	7E7EH
2		遥测站地址	6	见表9说明
3		密码	2	见表9说明
4		功能码	1	见表9说明
5		报文上下行标识符及长度	2	见表9说明
6		报文起始符	1	STX(SYN)
7		包总数及序列号	3	见表9说明
8		报文正文	不定长	确认帧、数据请求/控制命令帧内容等(中心站否认/确认帧内容等)
9		报文结束符	1	控制符 ENQ、ACK、EOT、ESC
10		校验码	2	校验码由2字节 HEX 构成,是校验码前所有字节的 CRC 校验,生成多项式 $X^{16}+X^{15}+X^2+1$,高位字节在前,低位字节在后

6.5 报文正文结构

6.5.1 ASCII 字符编码报文正文规定

6.5.1.1 报文正文信息组编码由要素(参数)标识符与相应数据构成,标识符编列在前,数据编列在后。各要素(参数)标识符、数据之间均用"空格"作为分隔符,"编码结构"表示为"要素(参数)标识符空格数据空格";其中流水号及发报时间后不带"空格"分隔符。报文正文最后的1个空格不得省略。上、下行报文正文基本结构见表11、表12。

表 11 上行报文正文基本结构

序号	编码名称	编码结构	编码说明
1	流水号	流水号	2字节 HEX 码,范围1~65535
2	发报时间	发报时间	6字节 BCD 码,YYMMDDHHmmSS
3	采集时间	采集时间标识符	根据功能码定义选编
		采集时间	
4	传感器编码	传感器编码引导符	传感器编码见附录 D
		传感器编码	

表12 下行报文正文基本结构

序号	编码名称	编码结构	编码说明
1	流水号	流水号	2字节HEX码,范围1～65535
2	发报时间	发报时间	6字节BCD码,YYMMDDHHmmSS
3	要素(参数)	要素(参数)标识符1	见附录B
		要素(参数)标识符2	见附录B
		……	……

6.5.1.2 传感器监测要素标识符参考附录B中的规定。遥测站基本参数、运行参数标识符采用附录C中标识符引导符并转换为ASCII码。数据采用HEX码、整型数或十进制浮点数,非字符型数据(图片、视频数据除外)应转换为ASCII字符传输。

6.5.1.3 流水号,表示发送报文的顺序。上行报文流水号在01～65535之间循环;确认帧下行报文的流水号与上行报文的流水号相同;由中心站发起的下行报文流水号为0。重发报文使用原报文流水号;对于多包传输模式,报文正文分包传输时用同一个流水号。

6.5.1.4 发报时间表示发送报文的时间,在发送报文时取决于实时时钟,由年、月、日、时、分、秒组成,编码格式为YYMMDDHHmmSS。其中:
  a) YY表示年份,2位数字,取值00～99;
  b) MM表示月份,2位数字,取值01～12;
  c) DD表示日期,2位数字,取值01～31;
  d) HH表示小时,2位数字,取值00～23;
  e) mm表示分钟,2位数字,取值00～59;
  f) SS表示秒,2位数字,取值00～59。

6.5.1.5 报文正文中的流水号、发报时间组应编于指定位置。

6.5.1.6 当一份报文中包含多个传感器信息数据时,报文正文第3组开始的编报顺序是"采集时间引导符、采集时间1、传感器编码引导符、传感器编码1、要素(参数)标识符1、数据1、采集时间引导符、采集时间2、传感器编码引导符、传感器编码2、要素(参数)标识符2、数据2……"。

6.5.1.7 传感器编码用1字节HEX码编码,范围1～255,表示每一个传感器的身份识别标识,见附录D。

6.5.1.8 采集时间代表每一个数据的采集时间,多组数据时代表第一组数据的采集时间。采集时间组表示要素信息组中各要素的采集时间,其编码格式规定如下:
  a) 采集时间码由8字节HEX码编码,表示1970-01-01 00:00:00到当前时刻经历的毫秒数。
  b) 对瞬时值(或状态)类要素,采集时间码表示要素值的采集时间(或发生时间)。
  c) 对时段类要素,采集时间码表示要素值观测时段末的时间。
  d) 对均匀时段信息报,采集时间码表示第一组数据的采集时间。
  e) 一份报文中有不同采集时间的要素数据时,应同时编报要素对应的采集时间,要素的数据信息编报在相应的采集时间组之后。采集时间组由采集时间标识符与采集时间组成。

6.5.1.9 应根据功能码编报报文正文,相关要素(参数)信息内容可为要素信息、遥测终端配置表、应答帧内容等,由一个或若干个要素(参数)的编码组成。

6.5.1.10 下行报文"命令参数"是选编内容,它应根据报文帧功能码定义编报相应的命令参数(或要素)标识符及其数据。

6.5.2 HEX/BCD 编码报文正文规定

6.5.2.1 报文正文信息组由标识符与相应数据构成,表示为"标识符数据"。标识与数据、信息组之间均不采用分隔符。数据是 HEX/BCD 码时采用原编码传输;数据是十进制浮点数时省略小数点,压缩为 BCD 码传输,数据长度及小数点位置由标识符说明。

6.5.2.2 报文中的数据应满足以下规定:
   a) BCD 编码数据位数是奇数时,最高位前补"0"。
   b) BCD 编码数据为负数时最高位前补"FF",除了标识的负数外,其他 BCD 数据均为正数。
   c) 少数数据是 HEX 编码,是无符号位数据,标识符低字节用 00H 表示。

6.5.2.3 传感器要素标识符引导符采用附录 B 规定的引导符。遥测站基本参数、运行参数标识符引导符见附录 C。

6.5.2.4 HEX/BCD 编码报文正文的其他规定见 6.5.3.1~6.5.3.23。

6.5.3 常用报文正文结构

6.5.3.1 基本要求
   a) 常用报文正文对于不同传输编码格式的报文帧结构,应按照 6.5.1、6.5.2 的相应规定执行。
   b) 常用报文包括测试报、均匀时段信息报、定时报、加报报等,其中各类遥测站信息定时报、加报报编码格式,可根据系统功能需求选定报文类型。

6.5.3.2 TCP 登录报文

遥测站与中心站建立 TCP 连接之后,发送的第一帧报文必须是登录报文,否则服务器将主动断开连接,终端收到服务器的确认后才可以发送其他报文;遥测站向中心站发起登录上行发送的报文正文,功能码为 2EH,见表 13。

表 13 TCP 遥测站登录上行报文正文结构

序号	编码名称	编码结构	编码说明
1	流水号	流水号	2 字节 HEX 码,范围 1~65535
2	发报时间	发报时间	6 字节 BCD 码,YYMMDDHHmmSS
3	固件版本号	固件版本号第 1 位	1 字节 HEX 码
		固件版本号第 2 位	1 字节 HEX 码
		固件版本号第 3 位	1 字节 HEX 码
		固件版本号第 4 位	1 字节 HEX 码

遥测站向服务器发起登录发送的报文正文,功能码为2EH,见表14。

表14 TCP客户端登录上行报文正文结构

序号	编码名称	编码结构	编码说明
1	流水号	流水号	2字节HEX码,范围1～65535
2	发报时间	发报时间	6字节BCD码,YYMMDDHHmmSS
3	软件版本号	软件版本号第1位	1字节HEX码
		软件版本号第2位	1字节HEX码
		软件版本号第3位	1字节HEX码
		软件版本号第4位	1字节HEX码
4	受控遥测站地址	遥测站地址	6字节BCD码,编码规则见6.1.4.3

中心站服务器下行登录响应报文正文,功能码为2EH,见表15,服务器响应包内容为空,仅以登录上行流水号与发报时间响应,确认帧下行流水号与上行登录流水号相同,参照6.5.1.3的要求。

表15 TCP登录下行报文正文结构

序号	编码名称	编码结构	编码说明
1	流水号	流水号	2字节HEX码,范围1～65535
2	发报时间	发报时间	6字节BCD码,YYMMDDHHmmSS

6.5.3.3 链路维持报

用于动态分配IP地址的网络型通信链路保持在线,功能码为2FH。在遥测站保持在线状态时,为使获得动态IP地址的遥测站能保持在线,空闲状态下遥测站应定时等间隔(间隔在1 s～255 s选择,推荐120 s)向中心站发送通信链路维持报。链路维持报上行报文正文结构见表16,其流水号采用最后一次数据报文的流水号,且不累加;没有下行报文,服务器端收不到终端新的心跳请求则需断开连接。

表16 遥测站链路维持报的上行报文正文结构

序号	编码名称	编码结构	编码说明
1	流水号	流水号	2字节HEX码,范围1～65535
2	发报时间	发报时间	6字节BCD码,YYMMDDHHmmSS

6.5.3.4 测试报

测试报用于遥测站安装或检修时的数据传输测试,功能码为30H,在中心站其数据应写入测试数据库。遥测站测试报的上行报文正文结构见表17,下行报文正文结构见表18。

表17 遥测站测试报的上行报文正文结构

序号	编码名称	编码结构	编码说明
1	流水号	流水号	2字节HEX码,范围1～65535
2	发报时间	发报时间	6字节BCD码,YYMMDDHHmmSS
3	采集时间	采集时间标识符	见附录B
		采集时间	8字节HEX码
4	传感器编码	传感器编码标识符	见附录B
		传感器编码	7字节BCD码,见附录D
5	其他要素	……	……
6	电源电压	电压标识符	见附录B
		电压数据	2字节BCD,见附录B
7	信号强度	信号强度标识符	见附录B
		信号强度数据	

表18 遥测站测试报的下行报文正文结构

序号	编码名称	编码结构	编码说明
1	流水号	流水号	2字节HEX码,范围1～65535
2	发报时间	发报时间	6字节BCD码,YYMMDDHHmmSS

6.5.3.5 均匀时段信息报

均匀时段信息报用于遥测站向中心站报送等间隔时段信息,功能码31H。均匀时段信息报上行报文正文结构见表19,下行报文正文结构见表20。

表19 均匀时段信息报上行报文正文结构

序号	编码名称	编码结构	编码说明
1	流水号	流水号	2字节HEX码,范围1～65535
2	发报时间	发报时间	6字节BCD码,YYMMDDHHmmSS
3	采集时间	采集时间标识符	见附录B
		采集时间	8字节HEX码
4	传感器编码	传感器编码标识符	见附录B
		传感器编码	7字节BCD码,见附录D
5	时间步长码	时间步长码标识符	见附录B
		步长	4字节HEX码
6	要素信息组	要素标识符1	可编其他要素的标识符
		要素数据1	
		……	
		要素标识符2	
		要素n数据2	

注:长度大于一帧时,应对正文进行分割分包传输;接收端负责将分包数据恢复成完整正文报文。

表20 均匀时段信息报下行报文正文结构

序号	编码名称	编码结构	编码说明
1	流水号	流水号	2字节HEX码,范围1~65535
2	发报时间	发报时间	6字节BCD码,YYMMDDHHmmSS

均匀时段信息报编码应遵循下列规定:

a) 要素标识符组编列需要报送要素的标识符。一条报文编码中,只能有一个要素标识符组;采用HEX/BCD编码结构时,均匀时段报只编列1个要素;采用ASCII字符编码时,可以同时编列多个要素,但时间步长应一致。

b) 需编报的数据应按观测时间分组,同一观测时间的所有数据为一个数据组,数据组应按时间顺序编列。

c) 数据组中的数据应与要素标识符组中编列的要素标识符一一对应。当某个要素某个时间点没有数据时,对于ASCII编码报文应在数据组相应位置上填列一个字符"M",对于HEX/BCD编码报文应在数据组相应位置上填列与其他数据位数一样的"F"。此类HEX/BCD编码报文中标识符规定的数据长度定义适用于其每组数据,即每组数据长度应一致。

6.5.3.6 遥测站定时报

遥测站以时间为触发事件,按设定的时间间隔向中心站报送实时监测信息,功能码为32H。定时报兼具有"平安报"功能,同时上报遥测站电源电压及报警等遥测站工作状态信息。遥测站定时报上行报文正文通用结构见表21,下行报文正文结构见表22。

表21 遥测站定时报上行报文正文结构

序号	编码名称	编码结构	编码说明
1	流水号	流水号	2字节HEX码,范围1~65535
2	发报时间	发报时间	6字节BCD码,YYMMDDHHmmSS
3	采集时间	采集时间标识符	见附录B
		采集时间	8字节HEX码
4	传感器编码	传感器编码标识符	见附录B
		传感器编码	7字节BCD码,见附录D
5	要素信息组	要素标识符1	不定长
		数据1	
		要素标识符2	
		数据2	
		……	
6	电源电压	电压标识符	见附录B
		电压数据	2字节BCD码,见附录表B
7	信号强度	信号强度标识符	见附录B
		信号强度数据	

表 22 遥测站定时报下行报文正文结构

序号	编码名称	编码结构	编码说明
1	流水号	流水号	2字节HEX码,范围1~65535
2	发报时间	发报时间	6字节BCD码,YYMMDDHHmmSS

6.5.3.7 遥测站加报报

被测要素达到设定加报阈值,遥测站向中心站报送实时信息、遥测站状态及报警信息等,功能码为33H。遥测站加报报上行报文正文通用结构见表23,下行报文正文结构见表24。

表 23 遥测站加报报上行报文正文结构

序号	编码名称	编码结构	编码说明
1	流水号	流水号	2字节HEX码,范围1~65535
2	发报时间	发报时间	6字节BCD码,YYMMDDHHmmSS
3	采集时间	采集时间标识符	见附录B
		采集时间	8字节HEX码
4	传感器编码	传感器编码标识符	见附录B
		传感器编码	7字节BCD码,见附录D
5	触发要素	触发要素标识符	见附录C
		触发要素数据	
6	其他要素组	……	见附录C
7	电源电压	电压标识符	见附录B
		电压数据	2字节BCD码,见附录B
8	信号强度	信号强度标识符	见附录B
		信号强度数据	

表 24 遥测站加报报下行报文正文结构

序号	编码名称	编码结构	编码说明
1	流水号	流水号	2字节HEX码,范围1~65535
2	发报时间	发报时间	6字节BCD码,YYMMDDHHmmSS

6.5.3.8 遥测站图片报或中心站请求遥测站图片采集信息

报送遥测站摄像头拍摄的静态图片,通常采用JPG格式,功能码为34H。中心站请求遥测站图片报或遥测站主动发送图片报均应采用该功能码。图片报中只编报图片信息,不得同时编报其他要素信息。遥测站图片报上行报文正文结构见表25,下行报文正文结构见表26。

表25 遥测站图片报上行(自报/应答)报文正文结构

序号	编码名称	编码结构	编码说明
1	流水号	流水号	2字节HEX码,范围1~65535
2	发报时间	发报时间	6字节BCD码,YYMMDDHHmmSS
3	图片信息	图片标识符	见附录B
		图片数据	JPG图片数据(采用原编码传输)

注:长度大于一帧规定时,可以对正文进行分割分包传输。

表26 遥测站图片报下行(请求/确认)报文正文结构

序号	编码名称	编码结构	编码说明
1	流水号	流水号	2字节HEX码,范围1~65535
2	发报时间	发报时间	6字节BCD码,YYMMDDHHmmSS

6.5.3.9 中心站请求遥测站实时数据

中心站请求遥测站所有要素最新实时数据,功能码为35H。中心站请求遥测站实时数据下行报文正文结构见表27,上行报文正文结构见表28。

表27 中心站请求遥测站实时数据下行报文正文结构

序号	编码名称	编码结构	编码说明
1	流水号	流水号	2字节HEX码,范围1~65535
2	发报时间	发报时间	6字节BCD码,YYMMDDHHmmSS

表28 中心站请求遥测站实时数据上行报文正文结构

序号	编码名称	编码结构	编码说明
1	流水号	流水号	2字节HEX码,范围1~65535
2	发报时间	发报时间	6字节BCD码,YYMMDDHHmmSS
3	采集时间	采集时间标识符	见附录B
		采集时间	8字节HEX码
4	传感器编码	传感器编码标识符	见附录B
		传感器编码	7字节BCD码,见附录D
5	要素信息组	要素标识符1	不定长
		数据1	
		要素标识符2	
		数据2	
		……	
7	电源电压	电压标识符	见附录B
		电压数据	2字节BCD码,见附录B
8	信号强度	信号强度标识符	见附录B
		信号强度数据	

注:实时数据使用最新采集的要素数据。

6.5.3.10 中心站请求遥测站时段数据

中心站请求遥测站指定要素的时段数据,功能码为36H。中心站请求遥测站时段数据下行报文正文结构见表29,上行报文正文结构见表30。

表29 中心站请求遥测站时段数据下行报文正文结构

序号	编码名称	编码结构	编码说明
1	流水号	流水号	2字节HEX码,范围1~65535
2	发报时间	发报时间	6字节BCD码,YYMMDDHHmmSS
3	起始时间	起始时间	4字节BCD码,YYMMDDHH,取值参见6.5.1.4
4	结束时间	结束时间	4字节BCD码,YYMMDDHH,取值参见6.5.1.4
5	要素标识符	要素标识符	见附录B。对于降水量,取与时间步长匹配的要素标识符;对于水位等其他要素,应根据遥测站的采集要素确定对应标识符

注1:发起帧正文需要上述全部信息,确认帧中只需要编流水号及发报时间组。
注2:一般情况下,请求遥测站时段数据宜编列1个要素;采用ASCII编码时,可同时编列多个要素,但时间步长应一致。

表30 中心站请求遥测站时段数据上行报文正文结构

序号	编码名称	编码结构	编码说明
1	流水号	流水号	2字节HEX码,范围1~65535
2	发报时间	发报时间	6字节BCD码,YYMMDDHHmmSS
3	采集时间	采集时间标识符	见附录B
		采集时间	8字节HEX码
4	时间步长码	时间步长码	见附录B
5	要素标识符	要素标识符	
6	数据1	第1组数据	
7	数据2	第2组数据	
8	……	……	

6.5.3.11 中心站请求遥测站指定要素数据

中心站请求遥测站指定要素的实时数据,功能码为37H。中心站请求遥测站指定要素实时数据下行报文正文结构见表31,上行报文正文结构见表32。

表31 中心站请求遥测站指定要素实时数据下行报文正文结构

序号	编码名称	编码结构	编码说明
1	流水号	流水号	2字节HEX码,范围1~65535
2	发报时间	发报时间	6字节BCD码,YYMMDDHHmmSS
3	要素标识符1	要素标识符1	见附录B
4	要素标识符2	要素标识符2	
5	……	……	

表32 中心站请求遥测站指定要素实时数据上行报文正文结构

序号	编码名称	编码结构	编码说明
1	流水号	流水号	2字节HEX码,范围1~65535
2	发报时间	发报时间	6字节BCD码,YYMMDDHHmmSS
3	采集时间	采集时间标识符	见附录B
		采集时间	8字节HEX码
4	要素信息组	要素标识符1	见附录B
		数据1	不定长
		要素标识符2	见附录B
		数据2	不定长
		……	……

6.5.3.12 中心站修改遥测站参数配置表

中心站修改传感器参数配置表,功能码为40H。传感器基本配置表见附录C。中心站修改遥测站参数配置表下行报文正文结构见表33,上行报文正文结构见表34。若是修改遥测站地址,则通信过程中除了修改参数中地址外,其他均采用修改前的遥测站地址;通信结束,执行地址修改。

表33 遥测站参数配置修改下行报文正文结构

序号	编码名称	编码结构	编码说明
1	流水号	流水号	2字节HEX码,范围1~65535
2	发报时间	发报时间	6字节BCD码,YYMMDDHHmmSS
3	遥测站参数1	参数配置标识符1	见附录C表C.1
		第1组数据	
4	遥测站参数2	参数配置标识符2	
		第2组数据	
5	……	……	

表34 遥测站参数配置修改上行报文正文结构

序号	编码名称	编码结构	编码说明
1	流水号	流水号	2字节HEX码,范围1~65535
2	发报时间	发报时间	6字节BCD码,YYMMDDHHmmSS
3	遥测站参数1	参数配置标识符1	见附录C表C.1
		第1组数据	
4	遥测站参数2	参数配置标识符2	
		第2组数据	
5	……	……	

6.5.3.13 中心站读取遥测站参数配置表/遥测站自报参数配置表

中心站读取遥测站参数配置表或者遥测站自报参数配置表,功能码为41H。遥测站参数配置表见附录C,在读取参数配置时,应将指定的配置参数发送给中心站;在遥测站自报基本配置表时,只需编报被人工修改的参数。中心站读取遥测站基本配置表/遥测站自报基本配置表下行报文正文结构见表35,上行报文正文结构见表36。

表35 中心站读取遥测站基本配置下行报文正文结构

序号	编码名称	编码结构	编码说明
1	流水号	流水号	2字节HEX码,范围1~65535
2	发报时间	发报时间	6字节BCD码,YYMMDDHHmmSS
3	遥测站参数1	参数配置标识符1	见附录C表C.1
4	遥测站参数2	参数配置标识符2	
5	……	……	

表36 遥测站自报基本配置上行报文正文结构

序号	编码名称	编码结构	编码说明
1	流水号	流水号	2字节HEX码,范围1~65535
2	发报时间	发报时间	6字节BCD码,YYMMDDHHmmSS
3	遥测站参数1	参数配置标识符1	见附录C表C.1
		第1组数据	
4	遥测站参数2	参数配置标识符2	
		第2组数据	
5	……	……	

6.5.3.14 中心站请求遥测终端软件版本

请求遥测站软件版本信息,功能码为42H。中心站请求遥测站软件版本下行报文正文结构见表37,上行报文正文结构见表38。

表37 中心站请求遥测站软件版本下行报文正文结构

序号	编码名称	编码结构	编码说明
1	流水号	流水号	2字节HEX码,范围1~65535
2	发报时间	发报时间	6字节BCD码,YYMMDDHHmmSS

表38 中心站请求遥测站软件版本上行报文正文结构

序号	编码名称	编码结构	编码说明
1	流水号	流水号	2字节HEX码,范围1~65535
2	发报时间	发报时间	6字节BCD码,YYMMDDHHmmSS
3	遥测站软件版本信息	版本信息字节数	1字节HEX码
		遥测站软件版本信息	无数据格式,2字节

6.5.3.15 中心站请求遥测站状态和报警信息

请求遥测站状态及报警信息,功能码为43H。遥测站状态和报警信息定义见附录C,中心站请求遥测站状态信息下行报文正文结构见表39,上行报文正文结构见表40。

表39 中心站请求遥测站状态信息下行报文正文结构

序号	编码名称	编码结构	编码说明
1	流水号	流水号	2字节HEX码,范围1～65535
2	发报时间	发报时间	6字节BCD码,YYMMDDHHmmSS

表40 中心站请求遥测站状态信息上行报文正文结构

序号	编码名称	编码结构	编码说明
1	流水号	流水号	2字节HEX码,范围1～65535
2	发报时间	发报时间	6字节BCD码,YYMMDDHHmmSS
3	遥测站状态及报警	遥测站状态和报警信息标识符	见附录B
		遥测站状态数据	4字节HEX码,见附录C表C.4

6.5.3.16 初始化固态存储数据

遥测站固态数据区全部初始化,清除历史数据,功能码为44H。清除固态存储数据下行报文正文结构见表41,上行报文正文结构见表42。

表41 初始化固态存储数据下行报文正文结构

序号	编码名称	编码结构	编码说明
1	流水号	流水号	2字节HEX码,范围1～65535
2	发报时间	发报时间	6字节BCD码,YYMMDDHHmmSS

表42 初始化固态存储数据上行报文正文结构

序号	编码名称	编码结构	编码说明
1	流水号	流水号	2字节HEX码,范围1～65535
2	发报时间	发报时间	6字节BCD码,YYMMDDHHmmSS

6.5.3.17 恢复终端出厂设置

恢复遥测站配置参数出厂设置,功能码为45H。恢复遥测站出厂设置下行报文正文结构见表43,上行报文正文结构见表44。

表43 恢复遥测站出厂设置下行报文正文结构

序号	编码名称	编码结构	编码说明
1	流水号	流水号	2字节HEX码,范围1～65535
2	发报时间	发报时间	6字节BCD码,YYMMDDHHmmSS

表44 恢复遥测站出厂设置上行报文正文结构

序号	编码名称	编码结构	编码说明
1	流水号	流水号	2字节HEX码,范围1～65535
2	发报时间	发报时间	6字节BCD码,YYMMDDHHmmSS

6.5.3.18 修改密码

中心站修改传输密码,功能码为46H。中心站修改传输密码下行报文正文结构见表45,上行报文正文结构见表46;遥测站收到中心站的最终确认报文后执行密码修改。密码设置完成后,中心站应对遥测站发送请求密码指令,对设置后的密码进行比对,以确认密码修改是否成功。

表45 中心站修改传输密码下行报文正文结构

序号	编码名称	编码结构	编码说明
1	流水号	流水号	2字节HEX码,范围1～65535
2	发报时间	发报时间	6字节BCD码,YYMMDDHHmmSS
3	旧密码	密码标识符	附录C表C.1
		旧密码数据	2字节HEX码,高位字节在前
4	新密码	密码标识符	附录C表C.1
		新密码数据	2字节HEX码,高位字节在前

表46 中心站修改传输密码上行报文正文结构

序号	编码名称	编码结构	编码说明
1	流水号	流水号	2字节HEX码,范围1～65535
2	发报时间	发报时间	6字节BCD码,YYMMDDHHmmSS
3	新密码	密码标识符	附录B表B.1
		新密码数据	2字节HEX码,高位字节在前

6.5.3.19 设置遥测站时钟

中心站设置遥测站时钟,功能码为47H。中心站设置遥测站时钟下行报文正文结构见表47,上行报文正文结构见表48。若遥测站原时间与校时时间差大于5 min,应进行2次校时;校时时间可分别取自中心站的第1、第2个下行报文。

表47 中心站设置遥测站时钟下行报文正文结构

序号	编码名称	编码结构	编码说明
1	流水号	流水号	2字节HEX码,范围1～65535
2	发报时间	发报时间	6字节BCD码,YYMMDDHHmmSS,作为校准时钟

表48 中心站设置遥测站时钟上行报文正文结构

序号	编码名称	编码结构	编码说明
1	流水号	流水号	2字节HEX码,范围1～65535
2	发报时间	发报时间	6字节BCD码,YYMMDDHHmmSS

6.5.3.20 请求遥测站时钟

中心站请求遥测站时钟,功能码48H。中心站请求遥测站时钟下行报文正文结构见表49,上行报文正文结构见表50。

表49 中心站请求遥测站时钟下行报文正文结构

序号	编码名称	编码结构	编码说明
1	流水号	流水号	2字节HEX码,范围1～65535
2	发报时间	发报时间	6字节BCD码,YYMMDDHHmmSS

表50 中心站请求遥测站时钟上行报文正文结构

序号	编码名称	编码结构	编码说明
1	流水号	流水号	2字节HEX码,范围1～65535
2	发报时间	发报时间	6字节BCD码,YYMMDDHHmmSS,作为上报时钟

6.5.3.21 中心站请求遥测站事件记录

中心站请求遥测站事件记录,功能码为49H。遥测站事件记录定义见附录C,中心站请求遥测站事件记录下行报文正文结构见表51,上行报文正文结构见表52。

表51 中心站请求遥测站事件记录下行报文正文结构

序号	编码名称	编码结构	编码说明
1	流水号	流水号	2字节HEX码,范围1～65535
2	发报时间	发报时间	6字节BCD码,YYMMDDHHmmSS

表52 中心站请求遥测站事件记录上行报文正文结构

序号	编码名称	编码结构	编码说明
1	流水号	流水号	2字节HEX码,范围1～65535
2	发报时间	发报时间	6字节BCD码,YYMMDDHHmmSS
3	遥测站事件记录	遥测站事件记录	32字节HEX码,见附录C表C.5

6.5.3.22 透传控制

用于客户端远程控制遥测站,设备固件升级,客户端或遥测站上行透传功能码为4AH,服务器下行透传功能码为4BH,参见附录A,上下行报文结构见表53,其中透传包内容为厂家自定义协议。

表53 客户端透传控制遥测站上下行报文正文结构

序号	编码名称	编码结构	编码说明
1	流水号	流水号	2字节HEX码,范围1～65535
2	发报时间	发报时间	6字节BCD码,YYMMDDHHmmSS
3	透传包内容	透传包内容	不定长

6.5.3.23 遥测站申请同步时间

遥测站主动发起与服务器同步时钟,功能码为4CH。遥测站申请同步时间上行报文正文结构见表54,下行报文正文结构见表55。

表54 遥测站申请同步时间上行报文正文结构

序号	编码名称	编码结构	编码说明
1	流水号	流水号	2字节HEX码,范围1～65535
2	发报时间	发报时间	6字节BCD码,YYMMDDHHmmSS

表55 遥测站申请同步时间下行报文正文结构

序号	编码名称	编码结构	编码说明
1	流水号	流水号	2字节HEX码,范围1～65535
2	发报时间	发报时间	6字节BCD码,YYMMDDHHmmSS
3	时间信息	服务器时间(当前时间与1970年01月01日00:00:00之间的时间差总毫秒数)	8字节HEX码

7 通信方式

7.1 通信信道

地质灾害监测通信方式可以选择无线通信或有线通信,通信信道可分为公共信道和自建信道。优先推荐使用成熟的公共信道进行数据传输。

7.2 无线信道

采用Wi-Fi、移动通信网络(2G、3G、4G、5G等)、短信、北斗短报文、低功耗物联网等信道。

7.2.1 短信信道

a) 波特率300 bps～19 200 bps,宜使用波特率4 800 bps～9 600 bps。每短信传输采用ACSCII编码,长度限制为140字节,超出长度传输时,需对传输数据进行拆分。

b) 短消息通信应设置短消息中心号码,可使用AT指令集编程收发短消息,也可使用通信模块实现无线协议栈的转换。数据传输时可通过RS-232串行口向通信模块收发数据,实现透明数据方式收发短消息。

7.2.2 移动通信网络信道

a) 每个站点应设置 IP 地址,可以通过两个途径设置:一是设定静态的 IP 绝对地址,直接连接到互联网,但接收端应配置必要的隔离防非法入侵设备;二是通过 VPN 虚拟网络,运营商通过移动通信网络模块中设置的 VPN 找到其设定的 VPN 内部的 IP 地址将数据转发。

b) 设备在 1 s～3 s 内就可以登录到网络,数据时延在 700 ms～3 000 ms 之内。波特率 300 bps～115 200 bps,宜使用波特率 9 600 bps～57 600 bps。开放给用户区最长字节数为不限字节,可以用于数据通信和图像通信。

7.2.3 北斗短报文

a) 短报文通信应设置接收方的北斗 IC 卡卡号,数据传输时可通过 RS-232 串行口向通信模块收发数据。

b) 监测点的数据传输模块必须支持北斗一代通讯功能,即必须带有北斗 IC 卡卡槽。

7.2.4 低功耗物联网

宜采用 LoRa、NB-IoT 和 Zigbee 等信道。

7.3 有线信道

有线信道主要有两种形式:PSTN 和 ADSL。

7.3.1 PSTN 信道

a) 数据传输标准速率、调制解调、接口标准及数据流控制应符合 ITU-T 标准。

b) 宜使用波特率 2 400 bps,开放给用户区字节数为不限字节。

7.3.2 ADSL 信道

a) 上行速率 512 kbps～1 Mbps,下行速率 1 Mbps～8 Mbps,有效传输距离 3 km～5 km。

b) 常用于中心站之间的网络通信。

8 数据传输的考核

8.1 考核内容和指标

系统可靠性应采用系统在规定的条件下和规定的时间内,数据传输的月平均畅通率、设置和控制处理作业的完成率来衡量。系统数据传输的月平均畅通率应达到平均有 97% 以上的监控遥测站(重要站点应包括在内)能把数据准确送到中心站。中心站发出的设置和控制处理作业的完成率应大于 97%。

对于每个监控遥测站,与中心站的数据传输平均畅通率应达 97% 以上,对中心站发出的设置和控制处理作业的月完成率应达到 97% 以上。

8.2 考核方法

系统畅通率考核统计是指在运行考核期内,中心站实际收到监控遥测站定时自报正确数据次数与中心站应收到遥测站定时自报正确数据次数之比。随机自报的数据只作参考,不作统计考核。每天统计数据的时段为上午08:00至次日上午08:00。平均畅通率计算方法公式如下:

$$P = \frac{\sum_{i=1}^{n} M_t}{\sum_{i=1}^{n} N_t} \times 100\% \quad\quad\quad\quad (1)$$

式中:

i——遥测站号;

n——参加考核的遥测站总个数;

M_t——中心站实际收到i号遥测站定时自报正确数据次数;

N_t——中心站应收到i号遥测站定时自报正确数据次数。

附 录 A
（规范性附录）
功能码定义

表 A.1 功能码定义

序号	功能码	应用功能描述	说明
1	00H～2DH	保留	扩展功能码
2	2EH	TCP 登录	S2 工作模式
3	2FH	链路维持报	遥测站定时向中心站发送链路维持信息，S1 工作模式
4	30H	测试报	报送实时数据，S2 工作模式
5	31H	均匀时段信息报	报送等时间间隔数据，S1 工作模式
6	32H	遥测站定时报	报送由时间触发的实时数据，S1 工作模式
7	33H	遥测站加报报	报送由时间或事件触发的加报实时数据，S1 工作模式
8	34H	遥测站图片报或中心站请求遥测站图片采集信息	请求/报送 JPG 图片信息，S3 工作模式
9	35H	中心站请求遥测站实时数据	S3 工作模式
10	36H	中心站请求遥测站时段数据	以小时为基本单位请求历史数据，S3 工作模式
11	37H	中心站请求遥测站指定要素数据	S3 工作模式
12	38H～3FH	保留	扩展功能码
13	40H	中心站修改遥测站参数配置表	遥测站基本配置，S3 工作模式
14	41H	中心站读取遥测站参数配置表/遥测站自报参数配置表	S3 工作模式
15	42H	请求遥测终端软件版本	S3 工作模式
16	43H	请求遥测站状态和报警信息	S3 工作模式
17	44H	初始化固态存储数据	应与标识符配合使用以提高安全，S3 工作模式
18	45H	恢复终端出厂设置	应与标识符配合使用以提高安全性，S3 工作模式
19	46H	修改密码	S3 工作模式
20	47H	设置遥测站时钟	S3 工作模式
21	48H	中心站请求遥测站时钟	S3 工作模式
22	49H	中心站请求遥测站事件记录	S3 工作模式
23	4AH	透传控制包上行	S4 工作模式
24	4BH	透传控制包下行	S1 工作模式
25	4CH	遥测站申请同步时间报文	S2 工作模式
26	4DH～DFH	保留	扩展功能码
27	E0H～FFH	用户自定义扩展区	

附 录 B
（规范性附录）
遥测信息编码要素及标识符

表 B.1 遥测信息编码要素及标识符

序号	标识符引导符	标识符 ASCII 码	编码要素	单位	数据意义
1	F0H	TT	采集时间引导符	ms	8 字节 HEX 码
2	F1H	ST	传感器编码引导符	—	N(14)
3	F2H	PIC	图片信息	kB	JPG
4	F3H	VID	视频	kB	—
5	F4H	LGTD	经度	°′″	C(7)
6	F5H	LTTD	纬度	°′″	C(7)
7	F6H	MSNA	泥石流名称	—	C(30)
8	F7H	LSN	滑坡名称	—	C(30)
9	F8H	HN	矿山名称	—	C(30)
10	F9~FF		保留		
11	01H	PJ	当前降雨量	mm/min	N(5,1)
12	02H	OBPT	泥水位	m	N(5,3)
13	03H	ASMTX	地声 X 轴	—	N(4)
14	04H	ASMTY	地声 Y 轴	—	N(4)
15	05H	ASMTZ	地声 Z 轴	—	N(4)
16	06H	ISMT	次声声压幅值	mV	N(4)
17	07H	PWP	孔隙水压力	kPa	N(5,4)
18	08H	SSA	土体沉降	m	N(4,1)
19	09H	MOE	弹性模量	mN/m	N(5,1)
20	10H	UGD	测斜深度	m	N(6,2)
21	11H	UGA	测斜仪倾斜角	°	N(5,3)
22	12H	ADD	滑动变位计轴向位移	mm	N(5,3)
23	13H	GWL	地下水位	m	N(5,3)
24	14H	SP	土压力	MPa	N(2,1)
25	15H	GD	裂缝位移	m	N(4,3)
26	16H	MW	土壤含水量	%	N(4,1)
27	17H	MD	土壤含水量深度	m	N(4,2)
28	18H	AT	气温	℃	N(4,2)
29	19H	WT	水温	℃	N(3,1)

表 B.1 遥测信息编码要素及标识符（续）

序号	标识符引导符	标识符 ASCII 码	编码要素	单位	数据意义
30	20H	DRxnn	时间步长码	ms	4 字节 HEX 码
31	21H	FL	气压	hPa	N(5)
32	22H	GTP	地温	℃	N(3,1)
33	23H	H	地下水埋深	m	N(6,2)
34	24H	MST	空气湿度	%	N(4,1)
35	25H	P1	1 小时时段降水量	mm	N(5,1)
36	26H	P2	2 小时时段降水量	mm	N(5,1)
37	27H	P3	3 小时时段降水量	mm	N(5,1)
38	28H	P6	6 小时时段降水量	mm	N(5,1)
39	29H	P12	12 小时时段降水量	mm	N(5,1)
40	30H	PD	日降水量	mm	N(5,1)
41	31H	PN01	1 分钟时段降水量	mm	N(5,1)
42	32H	PN05	5 分钟时段降水量	mm	N(5,1)
43	33H	PN10	10 分钟时段降水量	mm	N(5,1)
44	34H	PN30	30 分钟时段降水量	mm	N(5,1)
45	35H	D	降雨历时	h.mm	HH.mm
46	36H	PR	暴雨量	mm	N(5,1)
47	37H	PT	降水量累计值	mm	N(6,1)
48	38H	Z	水位	m	N(7,3)
49	39H	GNSS	GNSS 位移结果数据	—	见附录 E 表 E.14
50	3AH	BTWA	崩塌报警仪倾斜角	°	见附录 E 表 E.16
51	3BH	BTWS	崩塌报警仪状态	—	见附录 E 表 E.16
52	3CH	RTCM32	GNSS 原始数据 RTCM3.2 格式	—	见附录 E 表 E.15
53	3DH～8FH		预留		
54	90H	ZT	遥测站状态及警报信息	—	4 字节 HEX 码
55	91H	CODE	遥测站密码	—	2 字节 HEX 码
56	92H	DB	信号强度	%	N(3)
57	93H	VT	电源电压	V	N(4,2)
58	94H	RS	运行秒数	s	4 字节 HEX 码
59	95H	Q1	取(排)水口流量	m³/s	N(9,3)
60	96H	VA	断面平均流速	m/s	N(5,3)
61	97H～EFH		保留，其他要素标识符扩展定义		
62	FFXXH		用户自定义扩展区，XX 是增加的 1 个字节，扩展标识符范围，由用户自定义		

注 1：C(d)表示字符串。其中 d 表示字符串长度。下同。汉字采用 GBK 编码，多余长度字符使用 20H 填充。
注 2：N(D,d)表示十进制浮点数。其中 D 表示除小数点以外的数据位数；d 表示小数点之后的数据位数，d 为 0 时省略。下同。

附 录 C
（规范性附录）
遥测站参数配置表

表 C.1 遥测站基本配置表

序号	名称	标识符引导符	数据定义	说明
1	遥测站地址	01H	N(12)	见 6.1.3.3
2	密码	02H	2字节	HEX 码
3	中心站1主信道类型及地址	03H	不定长	信道类型在高位字节,地址在低位字节。信道类型用1字节 BCD 码表示:1-短信,2-IPV4,3-北斗,4-海事卫星,5-PSTN,6-超短波,7-域名。中心站信道地址长度根据信道类型确定,其中 IP 型地址应包含地址及端口号。IP 地址用6字节 BCD 码表示,省略".";端口号用3字节 BCD 码表示,紧接在地址之后
4	中心站1备用信道类型及地址	04H	不定长	同上。信道类型是"0"表示禁用该信道
5	中心站2主信道类型及地址	05H	不定长	同上。信道类型是"0"表示禁用该信道
6	中心站2备用信道类型及地址	06H	不定长	同上。信道类型是"0"表示禁用该信道
7	中心站3主信道类型及地址	07H	不定长	同上。信道类型是"0"表示禁用该信道
8	中心站3备用信道类型及地址	08H	不定长	同上。信道类型是"0"表示禁用该信道
9	中心站4主信道类型及地址	09H	不定长	同上。信道类型是"0"表示禁用该信道
10	中心站4备用信道类型及地址	0AH	不定长	同上。信道类型是"0"表示禁用该信道
11	工作方式	0BH	N(2)	BCD 码:1-自报工作状态,2-自报确认工作状态,3-请求/应答工作状态,4-调试或维修状态
12	遥测站监测要素设置	0CH	见表 C.2	HEX 码:要素对应数据位置"1"有效,置"0"无效,5字节长度,定义见表 C.2
13	遥测站通信设备识别号	0DH	不定长	ASCII 码。第1字节表示卡类型:1-移动通信卡,2-北斗卫星通信卡;紧跟在卡类型后的数据为卡识别号
14	保留	0EH~1FH		

T/CAGHP 069—2019

表 C.2 遥测站监测要素定义表

字节位含义								说明
基本环境监测要素（A1）								降雨监测频率与气象部门保持一致
D7	D6	D5	D4	D3	D2	D1	D0	
当前降雨量	累计降雨量	风向	风速	气温	湿度	地温	气压	
变形监测指标（A2）								变形包括地上变形与地下变形
D7	D6	D5	D4	D3	D2	D1	D0	
GPS	裂缝位移	横向位移	轴向位移	土体沉降	断裂瞬间			
地下水监测指标（A3）								
D7	D6	D5	D4	D3	D2	D1	D0	
地下水位	水温	埋深	水量	流速	孔隙水压	土壤含水率		
应力应变监测（A4）								
D7	D6	D5	D4	D3	D2	D1	D0	
横向推力	土压力							
其他监测指标（A5）								
D7	D6	D5	D4	D3	D2	D1	D0	
地声	次声	泥位	视频	图片				

注：要素对应数据位置"1"表示采集该要素，置"0"表示不采集，A6为保留字节。

表 C.3 遥测站参数配置表

序号	名称	标识符引导符	数据长度	说明
1	定时报时间间隔	20H	N(2)	1 h～24 h
2	加报时间间隔	21H	N(2)	0 表示关闭时间触发加报,1 min～59 min
3	监测指标起始时间	22H	N(2)	0 h～23 h
4	采样间隔	23H	N(8)	0～99 999 999 ms
5	数据存储间隔	24H	N(2)	1 min～59 min
6	雨量计分辨力	25H	N(2,1)	1 mm,0.5 mm,0.2 mm,0.1 mm
7	水位计分辨力	26H	N(2,1)	1 cm,0.5 cm,0.1 cm
8	水压计分辨力	27H	N(2,1)	1 MPa,0.5 MPa
9	测距仪分辨力	28H	N(3,2)	0.05 m,150 m
10	倾斜计分辨力	29H	N(4,3)	0.005°

表C.3 遥测站参数配置表（续）

序号	名称	标识符引导符	数据长度	说明
11	弦式表面应变计分辨力	2AH	N(4)	3000 με
12	滑动变位计分辨力	2BH	N(5,4)	0.002 mm,20 mm
13	地声分辨力	2CH	N(4)	3 000 mV/g
14	次声分辨力	2DH	N(3,2)	50 mV/Pa
15	墒情分辨力	2EH	N(3)	5%,50%
16	雨量加报阈值	2FH	N(5,1)	数据单位:mm
17	泥水位加报阈值	30H	N(5,3)	数据单位:m
18	地声加报阈值	31H	N(4)	数据单位:mV/g
19	次声加报阈值	32H	N(3,2)	数据单位:度 mV/Pa
20	孔隙水压加报阈值	33H	N(5,4)	数据单位:kPa
21	土体沉降加报阈值	34H	N(4,3)	数据单位:m
22	弦式表面应变计加报阈值	35H	N(5,1)	数据单位:mN/m
23	测斜加报阈值	36H	N(53)	数据单位:°
24	滑动变位计加报阈值	37H	N(5,3)	数据单位:mm
25	水位计加报阈值	38H	N(53)	数据单位:m
26	土压力计加报阈值	39H	N(4,3)	数据单位:MPa
27	自动激光测距仪加报阈值	3AH	N(4,3)	数据单位:m
28	土壤湿度计加报阈值	3BH	N(3,1)	数据单位:%
29	GNSSX加报阈值	3CH	N(8,3)	数据单位:m
30	GNSSY加报阈值	3DH	N(8,3)	数据单位:m
31	GNSSZ加报阈值	3EH	N(8,3)	数据单位:m
32	图像上报间隔	3FH	N(4)	数据单位:min
33	水位基准高程	40H	N(6,2)	数据单位:m
34	补报数据保存天数	41H	N(3)	数据单位:d
35	保留	42H~FEH		
36	用户自定义扩展区	FFXXH		XX是增加的1个字节,扩展标识符范围,由用户自定义

表 C.4 遥测站状态定义表字节位含义

字节位含义								说明
传感器状态（A1）								
D7	D6	D5	D4	D3	D2	D1	D0	报警状态，"0"表示正常，"1"表示报警
测斜仪	弦式表面应变计	土体沉降	孔隙水压	次声	地声	泥水位	雨量	
传感器状态（A2）								
D7	D6	D5	D4	D3	D2	D1	D0	
GNSSZ	GNSSY	GNSSX	土壤湿度计	自动激光测距仪	土压力计	水位计	滑动变位计	
传感器状态（A3）								
D7	D6	D5	D4	D3	D2	D1	D0	
预留	预留	预留	预留	预留	预留	预留	崩塌监测报警仪	
遥测站工作状态（A4）								"0"表示工作正常，"1"表示工作不正常
D7	D6	D5	D4	D3	D2	D1	D0	
预留	预留	预留	预留	预留	预留	信号	电压	

表 C.5 遥测站事件记录

序号	事件代码 ERC	事件项目	字节数 BIN（次数）
1	ERC1	历史数据初始化记录	2
2	ERC2	参数变更记录	2
3	ERC3	状态量变化记录	2
4	ERC4	传感器及仪表故障记录	2
5	ERC5	密码修改记录	2
6	ERC6	终端故障记录	2
7	ERC7	信号差记录	2
8	ERC8	蓄电池电压低告警记录	2
9	ERC9	终端箱非法打开记录	2
10	ERC10	发报文记录	2
11	ERC11	收报文记录	2
12	ERC12～ERC16	预留	10
注：ERC12～ERC16 作为预留事件代码，上传事件记录时记录值用"0"填充。			

附 录 D
（规范性附录）
传感器编码

表 D.1 传感器编码

传感器名称	传感器型号（2字节BCD码）	生产厂家（2字节BCD码）	传感器顺序号（3字节BCD）
雨量计	0001	0～9999	0～999999
泥位计	0002	0～9999	0～999999
地声	0003	0～9999	0～999999
次声	0004	0～9999	0～999999
孔隙水压	0005	0～9999	0～999999
土体沉降	0006	0～9999	0～999999
弦式表面应变计	0007	0～9999	0～999999
测斜传感器	0008	0～9999	0～999999
滑动变位计	0009	0～9999	0～999999
水位计	0010	0～9999	0～999999
土压力计	0011	0～9999	0～999999
自动激光测距仪	0012	0～9999	0～999999
土壤湿度计	0013	0～9999	0～999999
GNSS	0014	0～9999	0～999999
崩塌监测报警仪	0015	0～9999	0～999999
流量计	0016	0～9999	0～999999
注：传感器编号为14位数字，编码为7字节BCD码，前4位表示传感器型号，中间4位为传感器生产厂家，最后6位为传感器顺序号，例如雨量传感器类型编号为0001XXXXXXXXXX。			

T/CAGHP 069—2019

附 录 E
（规范性附录）
监测数据编码格式

表 E.1 雨量数据基本格式

序号	编码名称	编码结构	编码方式	编码说明
1	流水号	流水号	—	2字节HEX码,范围1～65535
2	发报时间	发报时间	—	6字节BCD码,YYMMDDHHmmSS
3	采集时间	标识符/标识符引导符	TT/F0H	8字节HEX码,单位为ms,表示从1970-01-01 00:00:00到当前时刻经历的毫秒数
		采集时间	—	
4	传感器编码	标识符/标识符引导符	ST/F1H	7字节BCD码,前4位为传感器型号,中间4位为生产厂家编号,末尾6位为顺序号
		传感器编码	0001XXXXXXXXXXH	
5	降雨量	标识符/标识符引导符	PJ/01H	见附录B 3字节BCD,单位为mm/min
		当前降雨量数据	N(5,1)	
		累计降雨量数据	N(6,1)	
6	其他信息	要素标识符	—	选编
		要素值	—	
7	电源电压	标识符/标识符引导符	VT/93H	2字节BCD码,通常报蓄电池电压单位为V
		遥测站工作电压	N(4,2)	
8	信号强度	信号强度标识符	DB/92H	2字节BCD码,单位为%
		信号强度数据	N(3)	

表 E.2 泥位计数据基本格式

序号	编码名称	编码结构	编码方式	编码说明
1	流水号	流水号	—	2字节HEX码,范围1～65535
2	发报时间	发报时间	—	6字节BCD码,YYMMDDHHmmSS
3	采集时间	标识符/标识符引导符	TT/F0H	8字节HEX码,单位为ms,表示从1970-01-01 00:00:00到当前时刻经历的毫秒数
		采集时间	—	
4	传感器编码	标识符/标识符引导符	ST/F1	7字节BCD码,前4位为传感器型号,中间4位为生产厂家编号,末尾6位为顺序号
		传感器编码	0002XXXXXXXXXH	
5	泥水位	标识符/标识符引导符	OBPT/02H	3字节BCD码,单位为m
		泥位	N(5,3)	
6	其他信息	要素标识符	—	选编
		要素值	—	

表 E.2 泥位计数据基本格式（续）

序号	编码名称	编码结构	编码方式	编码说明
7	电源电压	标识符/标识符引导符	VT/93H	2字节BCD码，通常报蓄电池电压单位为V
		遥测站工作电压	N(4,2)	
8	信号强度	信号强度标识符	DB/92H	2字节BCD码，单位为%
		信号强度数据	N(3)	

表 E.3 地声传感器数据基本格式

序号	编码名称	编码结构	编码方式	编码说明
1	流水号	流水号	—	2字节HEX码，范围1～65535
2	发报时间	发报时间	—	6字节BCD码，YYMMDDHHmmSS
3	采集时间	标识符/标识符引导符	TT/F0H	8字节HEX码，单位为ms，表示从1970-01-01 00:00:00到当前时刻经历的毫秒数
		采集时间	—	
4	传感器编码	标识符/标识引导符	ST/F1	7字节BCD码，前4位为传感器型号，中间4位为生产厂家编号，末尾6位为顺序号
		传感器编码	0003XXXXXXXXXXH	
5	地声X轴数据	标识符/标识引导符	ASMTX/03H	1字节HEX码，范围1～256；单位为个，03默认为X轴数据
		数据长度	N(3)	
6	地声数据X_1	—	N(4)	3字节BCD码，范围-2000～+2000，高字节为符号位（0xff-负，0x00-正）
7	……	—	N(4)	
8	地声数据X_n	—	N(4)	
9	地声Y轴数据	标识符/标识引导符	ASMTY/04H	1字节HEX码，范围1～256；单位为个
		数据长度	N(3)	
10	地声数据Y_1	—	N(4)	3字节BCD码，范围-2000～+2000，高字节为符号位（0xff-负，0x00-正）
11	……	—	N(4)	
12	地声数据Y_n	—	N(4)	
13	地声Z轴数据	标识符/标识引导符	ASMTZ/05H	1字节HEX码，范围1～256；单位为个
		数据长度	N(3)	
14	地声数据Z_1	—	N(4)	3字节BCD码，范围-2000～+2000，高字节为符号位（0xff-负，0x00-正）
15	……	—	N(4)	
16	地声数据Z_n	—	N(4)	
17	其他信息	要素标识符	—	选编
		要素值		
18	电源电压	标识符/标识符引导符	VT/93H	2字节BCD码，通常报蓄电池电压单位为V
		遥测站工作电压	N(4,2)	
19	信号强度	信号强度标识符	DB/92H	2字节BCD码，单位为%
		信号强度数据	N(3)	

表 E.4 次声传感器数据基本格式

序号	编码名称	编码结构	编码方式	编码说明
1	流水号	流水号	—	2 字节 HEX 码,范围 1~65535
2	发报时间	发报时间	—	6 字节 BCD 码,YYMMDDHHmmSS
3	采集时间	标识符/标识引导符	TT/F0H	8 字节 HEX 码,单位为 ms,表示从 1970-01-01 00:00:00 到当前时刻经历的毫秒数
		采集时间	—	
4	传感器编码	标识符/标识引导符	ST/F1	7 字节 BCD 码,前 4 位为传感器型号,中间 4 位为生产厂家编号,末尾 6 位为顺序号
		传感器编码	0004XXXXXXXXXXH	
5	次声原始值	标识符/标识引导符	ISMT/06H	1 字节 HEX 码,范围 1~256,单位为个
		数据长度	N(3)	
6	次声原始值 1	—	N(4)	
7	……	—	N(4)	3 字节 BCD 码,范围 -9999~+9999
8	次声原始值 n	—	N(4)	
9	其他信息	要素标识符	—	选编
		要素值	—	
10	电源电压	标识符/标识引导符	VT/93H	2 字节 BCD 码,通常报蓄电池电压单位为 V
		遥测站工作电压	N(4,2)	
11	信号强度	信号强度标识符	DB/92H	2 字节 BCD 码,单位为 %
		信号强度数据	N(3)	

表 E.5 孔隙水压力计数据格式

序号	编码名称	编码结构	编码方式	编码说明
1	流水号	流水号	—	2 字节 HEX 码,范围 1~65535
2	发报时间	发报时间	—	6 字节 BCD 码,YYMMDDHHmmSS
3	采集时间	标识符/标识符引导符	TT/F0H	8 字节 HEX 码,单位为 ms,表示从 1970-01-01 00:00:00 到当前时刻经历的毫秒数
		采集时间	—	
4	传感器编码	标识符/标识符引导符	ST/F1	7 字节 BCD 码,前 4 位为传感器型号,中间 4 位为生产厂家编号,末尾 6 位为顺序号
		传感器编码	0005XXXXXXXXXXH	
5	孔隙水压	标识符/标识符引导符	PWP/07H	3 字节 BCD 码,单位为 kPa
		压力数据	N(5,4)	
6	其他信息	要素标识符	—	选编
		要素值	—	
7	电源电压	标识符	VT/93H	2 字节 BCD 码,通常报蓄电池电压单位为 V
		遥测站工作电压	N(4,2)	
8	信号强度	信号强度标识符	DB/92H	2 字节 BCD 码,单位为 %
		信号强度数据	N(3)	

表 E.6 土体沉降计数据格式

序号	编码名称	编码结构	编码方式	编码说明
1	流水号	流水号	—	2 字节 HEX 码,范围 1~65535
2	发报时间	发报时间	—	6 字节 BCD 码,YYMMDDHHmmSS
3	采集时间	标识符/标识符引导符	TT/F0H	8 字节 HEX 码,单位为 ms,表示从 1970-01-01 00:00:00 到当前时刻经历的毫秒数
3	采集时间	采集时间	—	8 字节 HEX 码,单位为 ms,表示从 1970-01-01 00:00:00 到当前时刻经历的毫秒数
4	传感器编码	标识符/标识符引导符	ST/F1	7 字节 BCD 码,前 4 位为传感器型号,中间 4 位为生产厂家编号,末尾 6 位为顺序号
4	传感器编码	传感器编码	0006XXXXXXXXXXH	7 字节 BCD 码,前 4 位为传感器型号,中间 4 位为生产厂家编号,末尾 6 位为顺序号
5	土体沉降	标识符/标识符引导符	SSA/08H	2 字节 BCD 码,单位为 m
5	土体沉降	土体沉降	N(4,3)	2 字节 BCD 码,单位为 m
6	其他信息	要素标识符	—	选编
6	其他信息	要素值	—	选编
7	电源电压	标识符/标识符引导符	VT/93H	2 字节 BCD 码,通常报蓄电池电压单位为 V
7	电源电压	遥测站工作电压	N(4,2)	2 字节 BCD 码,通常报蓄电池电压单位为 V
8	信号强度	信号强度标识符	DB/92H	2 字节 BCD 码,单位为 %
8	信号强度	信号强度数据	N(3)	2 字节 BCD 码,单位为 %

表 E.7 弦式表面应变计数据格式

序号	编码名称	编码结构	编码方式	编码说明
1	流水号	流水号	—	2 字节 HEX 码,范围 1~65535
2	发报时间	发报时间	—	6 字节 BCD 码,YYMMDDHHmmSS
3	采集时间	标识符/标识符引导符	TT/F0H	8 字节 HEX 码,单位为 ms,表示从 1970-01-01 00:00:00 到当前时刻经历的毫秒数
3	采集时间	采集时间	—	8 字节 HEX 码,单位为 ms,表示从 1970-01-01 00:00:00 到当前时刻经历的毫秒数
4	传感器编码	标识符/标识符引导符	ST/F1	7 字节 BCD 码,前 4 位为传感器型号,中间 4 位为生产厂家编号,末尾 6 位为顺序号
4	传感器编码	传感器编码	0007XXXXXXXXXXH	7 字节 BCD 码,前 4 位为传感器型号,中间 4 位为生产厂家编号,末尾 6 位为顺序号
5	弹性模量	标识符/标识符引导符	MOE/09H	3 字节 BCD 码,单位为 mN/m
5	弹性模量	弹性模量	N(5,1)	3 字节 BCD 码,单位为 mN/m
6	其他信息	要素标识符	—	选编
6	其他信息	要素值	—	选编
7	电源电压	标识符/标识符引导符	VT/93H	2 字节 BCD 码,通常报蓄电池电压单位为 V
7	电源电压	遥测站工作电压	N(4,2)	2 字节 BCD 码,通常报蓄电池电压单位为 V
8	信号强度	信号强度标识符	DB/92H	2 字节 BCD 码,单位为 %
8	信号强度	信号强度数据	N(3)	2 字节 BCD 码,单位为 %

表 E.8 测斜传感器数据格式

序号	编码名称	编码结构	编码方式	编码说明
1	流水号	流水号	—	2字节HEX码,范围1～65535
2	发报时间	发报时间	—	6字节BCD码,YYMMDDHHmmSS
3	采集时间	标识符/标识符引导符	TT/F0H	8字节HEX码,单位为ms,表示从1970-01-01 00:00:00到当前时刻经历的毫秒数
		采集时间	—	
4	传感器编码	标识符/标识符引导符	ST/F1	7字节BCD码,前4位为传感器型号,中间4位为生产厂家编号,末尾6位为顺序号
		传感器编码	0008XXXXXXXXXXH	
5	测斜深度	标识符/标识符引导符	UGC/10H	深度3字节BCD码,单位为m
		深度	N(6,2)	
6	倾斜角	标识符/标识符引导符	UGA/11H	倾斜角4字节BCD码,单位为(°)
		X方向角度	N(5,3)	
		Y方向角度	N(5,3)	
7	其他信息	要素标识符	—	选编
		要素值	—	
8	电源电压	标识符/标识符引导符	VT/93H	2字节BCD码,通常报蓄电池电压单位为V
		遥测站工作电压	N(4,2)	
9	信号强度	信号强度标识符	DB/92H	2字节BCD码,单位为%
		信号强度数据	N(3)	

表 E.9 滑动变位计数据格式

序号	编码名称	编码结构	编码方式	编码说明
1	流水号	流水号	—	2字节HEX码,范围1～65535
2	发报时间	发报时间	—	6字节BCD码,YYMMDDHHmmSS
3	采集时间	标识符/标识符引导符	TT/F0H	8字节HEX码,单位为ms,表示从1970-01-01 00:00:00到当前时刻经历的毫秒数
		采集时间	—	
4	传感器编码	标识符/标识符引导符	ST/F1	7字节BCD码,前4位为传感器型号,中间4位为生产厂家编号,末尾6位为顺序号
		传感器编码	0009XXXXXXXXXXH	
5	轴向位移	标识符/标识符引导符	ADD/12H	3字节BCD码,单位为mm
		轴向位移	N(5,3)	
6	其他信息	要素标识符	—	选编
		要素值	—	
7	电源电压	标识符/标识符引导符	VT/93H	2字节BCD码,通常报蓄电池电压单位为V
		遥测站工作电压	N(4,2)	
8	信号强度	信号强度标识符	DB/92H	2字节BCD码,单位为%
		信号强度数据	N(3)	

表 E.10 水位计数据格式

序号	编码名称	编码结构	编码方式	编码说明
1	流水号	流水号	—	2字节HEX码,范围1~65535
2	发报时间	发报时间	—	6字节BCD码,YYMMDDHHmmSS
3	采集时间	标识符/标识符引导符	TT/F0H	8字节HEX码,单位为ms,表示从1970-01-01 00:00:00到当前时刻经历的毫秒数
		采集时间	—	
4	传感器编码	标识符/标识符引导符	ST/F1	7字节BCD码,前4位为传感器型号,中间4位为生产厂家编号,末尾6位为顺序号
		传感器编码	0010XXXXXXXXXXH	
5	地下水位	标识符/标识符引导符	GWL/13H	3字节BCD码,单位为m
		水位	N(5,3)	
6	其他信息	要素标识符	—	选编
		要素值	—	
7	电源电压	标识符/标识符引导符	VT/93H	2字节BCD码,通常报蓄电池电压单位为V
		遥测站工作电压	N(4,2)	
8	信号强度	信号强度标识符	DB/92H	2字节BCD码,单位为%
		信号强度数据	N(3)	

表 E.11 土压力计数据格式

序号	编码名称	编码结构	编码方式	编码说明
1	流水号	流水号	—	2字节HEX码,范围1~65535
2	发报时间	发报时间	—	6字节BCD码,YYMMDDHHmmSS
3	采集时间	标识符/标识符引导符	TT/F0H	8字节HEX码,单位为ms,表示从1970-01-01 00:00:00到当前时刻经历的毫秒数
		采集时间	—	
4	传感器编码	标识符/标识符引导符	ST/F1	7字节BCD码,前4位为传感器型号,中间4位为生产厂家编号,末尾6位为顺序号
		传感器编码	0011XXXXXXXXXXH	
5	土压力	标识符/标识符引导符	SP/14H	2字节BCD,单位为MPa
		土压力	N(4,3)	
6	其他信息	要素标识符	—	选编
		要素值	—	
7	电源电压	标识符/标识符引导符	VT/93H	2字节BCD码,通常报蓄电池电压单位为V
		遥测站工作电压	N(4,2)	
8	信号强度	信号强度标识符	DB/92H	2字节BCD码,单位为%
		信号强度数据	N(3)	

表 E.12 自动激光测距仪数据格式

序号	编码名称	编码结构	编码方式	编码说明
1	流水号	流水号	—	2字节 HEX 码,范围 1~65535
2	发报时间	发报时间	—	6字节 BCD 码,YYMMDDHHmmSS
3	采集时间	标识符/标识符引导符	TT/F0H	8字节 HEX 码,单位为 ms,表示从 1970-01-01 00:00:00 到当前时刻经历的毫秒数
		采集时间	—	
4	传感器编码	标识符/标识符引导符	ST/F1	7字节 BCD 码,前 4 位为传感器型号,中间 4 位为生产厂家编号,末尾 6 位为顺序号
		传感器编码	0012XXXXXXXXXXH	
5	裂缝位移	标识符/标识符引导符	GD/15H	2字节 BCD 码,单位为 m
		位移数据	N(4,3)	
6	其他信息	要素标识符	—	选编
		要素值	—	
7	电源电压	标识符/标识符引导符	VT/93H	2字节 BCD 码,通常报蓄电池电压单位为 V
		遥测站工作电压	N(4,2)	
8	信号强度	信号强度标识符	DB/92H	2字节 BCD 码,单位为 %
		信号强度数据	N(3)	

表 E.13 土壤湿度计数据格式

序号	编码名称	编码结构	编码方式	编码说明
1	流水号	流水号	—	2字节 HEX 码,范围 1~65535
2	发报时间	发报时间	—	6字节 BCD 码,YYMMDDHHmmSS
3	采集时间	标识符/标识符引导符	TT/F0H	8字节 HEX 码,单位为 ms,表示从 1970-01-01 00:00:00 到当前时刻经历的毫秒数
		采集时间	—	
4	传感器编码	标识符/标识符引导符	ST/F1	7字节 BCD 码,前 4 位为传感器型号,中间 4 位为生产厂家编号,末尾 6 位为顺序号
		传感器编码	0013XXXXXXXXXXH	
5	土壤含水量	标识符/标识符引导符	MW/16H	2字节 BCD 码,单位为 %
		土壤含水量	N(3,1)	
6	深度	标识符/标识符引导符	MD/17H	2字节 BCD 码,单位为 m
		土壤含水量深度	N(4,2)	
7	其他信息	要素标识符	—	选编
		要素值	—	
8	电源电压	标识符/标识符引导符	VT/93H	2字节 BCD 码,通常报蓄电池电压单位为 V
		遥测站工作电压	N(4,2)	
9	信号强度	信号强度标识符	DB/92H	2字节 BCD 码,单位为 %
		信号强度数据	N(3)	

表 E.14 GNSS 表面位移结果数据格式

序号	编码名称	编码结构	编码方式	编码说明
1	流水号	流水号	—	2 字节 HEX 码,范围 1~65535
2	发报时间	发报时间	—	6 字节 BCD 码,YYMMDDHHmmSS
3	采集时间	标识符/标识符引导符	TT/F0H	8 字节 HEX 码,单位为 ms,表示从 1970-01-01 00:00:00 到当前时刻经历的毫秒数
		采集时间	—	
4	传感器编码	标识符/标识符引导符	ST/F1	7 字节 BCD 码,前 4 位为传感器型号,中间 4 位为生产厂家编号,末尾 6 位为顺序号
		传感器编码	0014XXXXXXXXXXH	
5	GNSS 静态值	标识符/标识符引导符	GNSS/39H	标识符/标识符引导符
		GNSS 纬度	N(11,9)	单位为(°)
		GNSS 经度	N(12,9)	单位为(°)
		GNSS 海拔	N(9,4)	单位为 m
		观测时长秒数	4HEX	单位为 s
		预留状态	HEX	
6	其他信息	要素标识符	—	选编
		要素值	—	
7	电源电压	标识符/标识符引导符	VT/93H	2 字节 BCD 码,通常报蓄电池电压,单位为 V
		遥测站工作电压	N(4,2)	
8	信号强度	信号强度标识符	DB/92H	2 字节 BCD 码,单位为%
		信号强度数据	N(3)	

表 E.15 GNSS 原始数据 RTCM3.2 格式

序号	编码名称	编码结构	编码方式	编码说明
1	流水号	流水号	—	2 字节 HEX 码,范围 1~65535
2	发报时间	发报时间	—	6 字节 BCD 码,YYMMDDHHmmSS
3	采集时间	标识符/标识符引导符	TT/F0H	8 字节 HEX 码,单位为 ms,表示从 1970-01-01 00:00:00 到当前时刻经历的毫秒数
		采集时间	—	
4	传感器编码	标识符/标识符引导符	ST/F1	7 字节 BCD 码,前 4 位为传感器型号,中间 4 位为生产厂家编号,末尾 6 位为顺序号
		传感器编码	0014XXXXXXXXXXH	
5	GNSS 原始数据	标识符/标识符引导符	RTCM32/3CH	
		RTCM3.2 数据长度	2HEX	单位为 B
		RTCM3.2 数据	—	单位为(°)

表 E.15 GNSS 原始数据 RTCM3.2 格式（续）

序号	编码名称	编码结构	编码方式	编码说明
6	其他信息	要素标识符	—	选编
		要素值	—	
7	电源电压	标识符/标识符引导符	VT/93H	2字节BCD码,通常报蓄电池电压,单位为V
		遥测站工作电压	N(4,2)	
8	信号强度	信号强度标识符	DB/92H	2字节BCD码,单位为%
		信号强度数据	N(3)	

表 E.16 崩塌监测报警仪数据格式

序号	编码名称	编码结构	编码方式	编码说明
1	流水号	流水号	—	2字节HEX码,范围1～65535
2	发报时间	发报时间	—	6字节BCD码,YYMMDDHHmmSS
3	采集时间	标识符/标识符引导符	TT/F0H	8字节HEX码,单位为ms,表示从1970-01-01 00:00:00到当前时刻经历的毫秒数
		采集时间	—	
4	传感器编码	标识符/标识符引导符	ST/F1	7字节BCD码,前4位为传感器型号,中间4位为生产厂家编号,末尾6位为顺序号
		传感器编码	0015XXXXXXXXXXH	
5	倾斜角	标识符/标识符引导符	BTWA/3AH	4字节BCD码,单位为(°)
		X方向角度	N(5,3)	
		Y方向角度	N(5,3)	
6	报警状态	标识符/标识符引导符	BTWS/3BH	1字节BIN,bit7为报警开关:"0"为正常,"1"为报警
		报警状态	—	
7	其他信息	要素标识符	—	选编
		要素值	—	
8	电源电压	标识符/标识符引导符	VT/93H	见附录B
		遥测站工作电压	N(4,2)	
9	信号强度	信号强度标识符	DB/92H	2字节BCD码,单位为%
		信号强度数据	N(3)	

附 录 F
（规范性附录）
北斗传输监测数据编码格式

表 F.1 地声传感器数据基本格式（北斗）

序号	编码名称	编码结构	编码方式	编码说明
1	流水号	流水号	—	2 字节 HEX 码，范围 1～65535
2	发报时间	发报时间	—	6 字节 BCD 码，YYMMDDHHmmSS
3	采集时间	标识符/标识引导符	TT/F0H	8 字节 HEX 码，单位为 ms，表示从 1970-01-01 00:00:00 到当前时刻经历的毫秒数
3	采集时间	采集时间	—	8 字节 HEX 码，单位为 ms，表示从 1970-01-01 00:00:00 到当前时刻经历的毫秒数
4	传感器编码	标识符/标识引导符	ST/F1	7 字节 BCD 码，前 4 位为传感器型号，中间 4 位为生产厂家编号，末尾 6 位为顺序号
4	传感器编码	传感器编码	0003XXXXXX XXXXH	7 字节 BCD 码，前 4 位为传感器型号，中间 4 位为生产厂家编号，末尾 6 位为顺序号
5	地声 X 轴数据	标识符/标识引导符	ASMTX/03H	1 字节 HEX 码，范围 1～256；单位为个，03 默认为 X 轴数据
5	地声 X 轴数据	数据长度	N(3)	1 字节 HEX 码，范围 1～256；单位为个，03 默认为 X 轴数据
6	地声 X 轴数据有效值	—	N(4)	3 字节 BCD 码，范围 -2000～+2000，高字节为符号位（0xff-负，0x00-正）
7	地声 X 轴数据最大值	—	N(4)	3 字节 BCD 码，范围 -2000～+2000，高字节为符号位（0xff-负，0x00-正）
8	地声 Y 轴数据	标识符/标识引导符	ASMTY/04H	1 字节 HEX 码，范围 1～256；单位为个
8	地声 Y 轴数据	数据长度	N(3)	1 字节 HEX 码，范围 1～256；单位为个
9	地声 Y 轴数据有效值	—	N(4)	3 字节 BCD 码，范围 -2000～+2000，高字节为符号位（0xff-负，0x00-正）
10	地声 Y 轴数据最大值	—	N(4)	3 字节 BCD 码，范围 -2000～+2000，高字节为符号位（0xff-负，0x00-正）
11	地声 Z 轴数据	标识符/标识引导符	ASMTZ/05H	1 字节 HEX 码，范围 1～256；单位为个
11	地声 Z 轴数据	数据长度	N(3)	1 字节 HEX 码，范围 1～256；单位为个
12	地声 Z 轴数据有效值	—	N(4)	3 字节 BCD 码，范围 -2000～+2000，高字节为符号位（0xff-负，0x00-正）
13	地声 Z 轴数据最大值	—	N(4)	3 字节 BCD 码，范围 -2000～+2000，高字节为符号位（0xff-负，0x00-正）
14	其他信息	要素标识符	—	选编
14	其他信息	要素值	—	选编
15	电源电压	标识符/标识引导符	VT/93H	2 字节 BCD 码，通常报蓄电池电压单位为 V
15	电源电压	遥测站工作电压	N(4,2)	2 字节 BCD 码，通常报蓄电池电压单位为 V
16	信号强度	信号强度标识符	DB/92H	2 字节 BCD 码，单位为 %
16	信号强度	信号强度数据	N(3)	2 字节 BCD 码，单位为 %

表 F.2 次声传感器数据基本格式(北斗)

序号	编码名称	编码结构	编码方式	编码说明
1	流水号	流水号	—	2字节HEX码,范围1~65535
2	发报时间	发报时间	—	6字节BCD码,YYMMDDHHmmSS
3	采集时间	标识符/标识引导符	TT/F0H	8字节HEX码,单位为ms,表示从1970-01-01 00:00:00到当前时刻经历的毫秒数
		采集时间	—	
4	传感器编码	标识符/标识引导符	ST/F1	7字节BCD码,前4位为传感器型号,中间4位为生产厂家编号,末尾6位为顺序号
		传感器编码	0004XXXXXXXXXXH	
5	次声声压值	标识符/标识引导符	ISMT/06H	1字节HEX码,范围1~256,单位为个
		数据长度	N(3)	
6	次声声压有效值	—	N(4)	3字节BCD码,范围-9999~+9999
7	次声声压最大值	—	N(4)	
8	其他信息	要素标识符	—	选编
		要素值	—	
9	电源电压	标识符/标识引导符	VT/93H	2字节BCD码,通常报蓄电池电压单位为V
		遥测站工作电压	N(4,2)	
10	信号强度	信号强度标识符	DB/92H	2字节BCD码,单位为‰
		信号强度数据	N(3)	

附 录 G
（规范性附录）
设备生产厂家代码

表 G.1 设备生产厂家代码

序号	代码	设备生产厂家	登记日期
1	0001～1000（含0001、1000）	工商登记全名	2019-03-26